친절한 김샘의

함수 포인터 강의

C/C++

김정훈 지음

FUNCTION POINTER

ITC
INFO-TECH COREA

IT 대한민국은 ITC(Info Tech Corea)가 함께 하겠습니다.
www.itcpub.co.kr

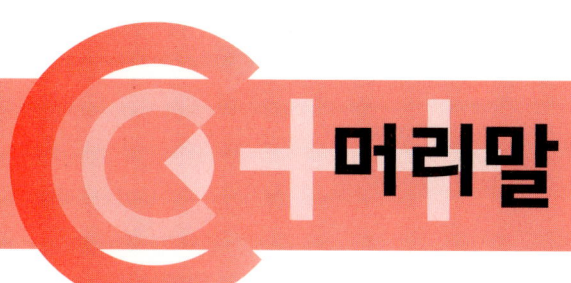

머리말

개인적으로도 함수 포인터만을 주제로 한 책을 집필하게 될 줄은 몰랐습니다. C 언어의 뒷부분에서 2~3일 강의하게 되는 단편적인 주제라고 생각을 했었습니다. 몇 번에 걸쳐 자료구조를 수업하면서 조금씩 쌓이는 자료가 어느새 상당한 분량이 되었고, 부족한 부분을 보강해서 책으로 내게 되었습니다.

이 책은 함수 포인터 외의 내용은 전혀 다루지 않습니다. 함수 포인터를 학습하기 위해 필요한 지식은 모두 알고 있다고 가정했기 때문입니다. 함수 포인터를 이해시키기 위한 사전 지식을 나열하는 것은 C 언어 기본서를 집필하는 것과 다르지 않기에 과감히 생략했습니다. 혹시라도 낯선 내용이 나온다면 번거롭겠지만 기본서를 참고해야 합니다.

어려운 주제는 아니라고 보지만, 그건 저만의 이기적인 생각일 것이 틀림없습니다. 처음 배우던 시절에는 모든 것이 어렵게만 느껴졌고, 함수 포인터는 곁에도 가보지 못했었는데 세월이 많이 흘렀습니다. 저는 한글로 된 문서가 없어 배우지 못했지만, 여러분은 이 책을 통해 함수 포인터의 대부분을 배울 수 있습니다. 감히 모든 것이라고 얘기하지 못하는 것은 어셈블리 수준의 많은 것들에 대해서는 간략하게 넘어가기 때문입니다. 그러나 제가 어셈블리를 잘 한다고 하더라도 이런 부분은 과감하게 생략했을 것 같습니다. 배우는 시간에 비해 사용할 곳이 없습니다. 저는 강사이자 개발자입니다. 도움되지 않는 것들에 대해서는 분명하게 "아니다"라고 말해야 합니다.

이 책의 구성

[1부]: 문법 위주로 구성했고, 문법적으로 표현할 수 있는 모든 것을 다룹니다. 1부 예제는 문법을 익히기 위해 기본적인 코드만을 사용했으므로 어려운 부분은 없을 것으로 생각합니다.

[2부]: 함수 포인터를 사용하면 무엇이 좋은지 보여줍니다. 무조건 함수 포인터를 사용하라고 강요하는 대신 예제를 통해 왜 좋을 수밖에 없는지 설명 드립니다. 2부는 3부로 가기 위한 준비 단계이기도 합니다.

[3부]: 실전에서 사용된 코드를 직접 구현해 보거나 구현되어 있는 코드를 소개합니다. 흔하게 볼 수 있는 곳에서 함수 포인터가 사용되고 있다는 것을 증명함으로써 반드시 익혀야 하는 기술임을 강조합니다.

[부록]: 각 장의 마지막에는 스스로 공부할 수 있는, 경우에 따라서는 본문에서 얘기하기 어려운 내용들을 주제로 연습 문제가 나옵니다. 부록에는 연습 문제에 대한 코드와 본문 수준의 설명이 들어있습니다.

책을 읽어나가는 과정에서 약간의 지루함을 느낄 수도 있습니다. 이해를 위해 어느 정도의 반복을 허용했고, 이들 반복은 주로 연습 문제에서 나타납니다. 그러나, 어떤 일을 하건 지루하다고 느끼는 것은 열심히 하지 않아도 될 만큼 쉽다는 것으로 생각할 수도 있습니다. 그런 점에서 함수 포인터가 지루하다고 느낀다면, 이 또한 쉽게 배울 수 있는 것으로 생각해야 합니다. 두꺼운 책이 아니므로 조금만 견디면 금방 끝을 볼 수 있을 겁니다.

이 책은 C 언어에서 사용하는 함수 포인터를 목표로 집필했습니다. 집필하는 과정에서 C++를 배제해서는 안될 것 같다는 생각이 들어 3부에서는 집중적으로 C++의 함수 포인터에 대해 다룹니다. C 언어만 하신 분들에게는 너무 낯설 수도 있으니까, 굳이 한 번에 이해하려고 하지 않기를 바랍니다. 나중에 C++를 충분히 공부한 뒤에 보는 것을 권해드립니다.

이 책의 독자

이 책에는 함수 포인터 외에는 아무것도 없기 때문에 초급자를 대상으로 한다고 말할 수는 없습니다. 그러나, 배열을 어느 정도 이해하고 있는 중급자라면 충분히 읽어나갈 수 있다고 생각합니다. 함수 포인터를 기초부터 자세히 풀어서 설명하고 있으므로 배열과 포인터에 대한 지식이 있는 분이라면 당연히 읽을 수 있어야 합니다.

고수에게는 다른 책에서는 볼 수 없었던 내용이기 때문에 약간의 시간은 걸리겠지만 난해할 정도는 아니어서 즐겁게 읽어나갈 수 있을 것입니다. 코딩은 잘 하면서도 함수 포인터에 대해 소홀했다면 이번 기회에 진정한 고수로 거듭나기를 바랍니다.

만약 이 책의 내용을 상당 부분 알고 있는 독자라면 어디에 가서도 인정받는 실력으로 무장했다고 볼 수밖에 없겠습니다. 저 또한 이 책의 상당 부분을 알고 있었지만 일부 내용은 집필 과정을 통해 배웠습니다. 독자보다 저자가 더 많은 것을 배우는 것이 이 업계의 정설이라는 것을 다시 한 번 깨우쳤습니다.

이 책을 읽기 위해서 꼭 필요한 것들만 나열해 봅니다.

1. 배열 기초

배열을 구성하는 기본 원리는 이해하고 있어야 합니다. 같은 자료형과 연속된 메모리가 배열의 특징인데, 이 정도를 이해하고 있으면 됩니다.

2. 포인터 기초

배열은 포인터의 다른 이름이지만 어떤 분들에게는 배열보다 어려운 주제일 수도 있습니다. 포인터 연산을 사용하지는 않지만 함수 포인터 자체가 포인터이기 때문에 약간의 지식이 필요합니다.

3. 구조체

함수 포인터를 제대로 활용하기 위해서는 구조체가 필요합니다. 구조체의 문법뿐만 아니라 함수에 전달해서 처리할 수 있을 정도의 이해가 필요합니다. 배열과 포인터보다 오히려 깊은 이해가 필요힌데, 특이한 셈일 수 있겠습니다.

4. 함수

함수 포인터는 결국 함수를 호출할 때 사용하므로 함수 자체에 대한 지식이 필요합니다. 함수를 선언하고, 코드를 구현하고, 반환값을 처리하고, 매개 변수를 전달하는 것에 어려움이 없어야 합니다.

이 책을 펼쳐보는 독자라면 기본적으로 초보단계는 벗어난 독자라고 생각합니다. 까다롭다고 생각할 수도 있지만 대부분의 독자들은 이들 주제에 대해 어느 정도는 할 수 있다고 생각합니다. 그래서 저는 중급자를 이해시킬 생각으로 모든 코드를 작성했고, 그에 합당한 설명을 했음을 알려드립니다.

일러두기

• 변수 이름

함수 포인터를 저장하는 변수 이름으로는 func를 사용했습니다. 함수를 뜻하는 function의 약자로 포인터 변수이기는 하지만 C 언어에서는 & 없이 사용하기 때문에 굳이 접두사 p를 앞에 붙이지 않았습니다. 책의 처음에 FuncPointer라는 이름이 등장하기는 하지만 대부분 func를 사용했습니다. 배열에 대해서는 FuncArray라는 이름을 사용해서 배열임을 분명하게 밝혔습니다. 그리고 함수 포인터 자료형을 재정의한 자료형에 대해서는 접미사 _t를 붙였습니다. 재정의한 자료형의 이름은 func_t입니다.

• #pragma warning(disable:4996)

대부분의 코드에는 이와 같은 코드가 들어있습니다. 닷넷 컴파일러는 C 언어의 표준 함수를 대신하는 안전한(secure) 대체 함수를 만들어서 제공합니다. 이 코드가 없을 경우 새로운 대체 함수를 사용할 것을 권유하는 경고(warning) 메시지를 출력합니다. 실행에는 문제가 없지만 기분이 나쁜 것은 어쩔 수 없습니다. 이 코드는 대체 함수에 대한 경고 메시지를 출력하지 않도록 해줍니다.

• 연산자 우선순위

함수의 자료형은 너무 복잡합니다. 복잡함의 원인은 해석 순서를 결정하기 위한 ( ) 연산자에 있습니다. 어떤 경우에도 ( ) 연산자는 가장 높은 우선순위를 갖는다는 것을 명심합니다. 다만 해석하려는 변수에 더 가까이 있는 연산자가 있다면, 이때는 ( ) 연산자를 나중에 해석합니다. "당연하지 않느냐?"라고 말하겠지만, 코드를 보면 이런 생각이 들지 않을 것입니다. 미리 말씀드립니다.

• 멤버 함수 포인터

C++에서는 함수 포인터에 대해 *와 & 연산자를 쓰도록 강요합니다. C 언어는 아닙니다. C 언어를 기반으로 집필했으므로 *와 & 연산자는 가급적 사용하지 않았습니다. C++ 쪽에 가서야 어쩔 수 없이 사용했습니다. 멤버 함수 포인터에 대해 알고 있는 분들의 오해가 없기를 바랍니다. 코드에 대한 문법적인 검사 및 실행 결과는 모두 검증했습니다.

소스코드와 정오표

이 책에서 사용한 모든 소스코드는 제가 운영하는 카페를 통해 받으실 수 있습니다. 소스코드를 받기 위해 회원으로 가입하실 필요는 없지만, 추후에 질문이 필요할 때는 가입을 필요로 합니다. 카페가 운영되는 네이버는 익명으로 글을 게시할 수 없습니다.

책과 관련된 오타 및 수정할 내용을 찾게 되신다면, 카페를 통해 글을 남겨주셔도 되고 메일을 보내주셔도 됩니다. 다만 정오표를 통해 중복된 것이 아닌지 확인은 하셔야 합니다. 수정된 내용에 대한 정오표는 언제든지 카페를 통해 공지하겠습니다.

▶ 카페 www.printf.co.kr
▶ 메일 applekoong@naver.com

감사의 글

사소한 것도 혼자 할 수 있을지 의문입니다. 하물며 전문적인 주제를 다루는 책임에야 두말할 나위가 없습니다. 외국 서적을 보면서 주변에 도와줄 수 있는 사람이 있어서 항상 부러웠습니다. C 언어 책을 집필하면 Dennis Ritchie가 감수를 하는 그런 환경이 정말 부러웠습니다.

다담소프트웨어에 자리를 잡았습니다. 주변에는 저보다 나은 실력을 가진 강사들이 있어 언제나 저의 부족한 부분을 메워줍니다. 때론 어렵게 공부한 지식을 주워먹는 것이 아닌가 해서 미안할 때도 있습니다. 상대방도 저에게서 얻어갈 것이 있기를 바랄 뿐입니다.

C++와 관련된 부분은 강석민 강사의 도움을 많이 받았습니다. 이 책은 강석민 강사가 책을 내기 전까지는 경쟁 도서가 없을 것으로 생각됩니다. 감히 강석민 강사에게서 힘을 뺏어가기를 기원해 봅니다. 집필할 수 있는 공간을 제공해 준 이용관 이사님을 비롯해서 모든 다담 직원과 동료들에게도 감사의 말을 전합니다. 점심을 먹으면 당구가 있고, 저녁을 먹으면 바둑이 있습니다. 모든 일이 끝나면 술이 있습니다. 다담에서는 이들을 일컬어 다담인이 가야 할 삼종지도(三從之道)라고 합니다. 농담입니다. 그러나, 함께 하기 좋은 환경임에는 틀림없습니다. 현재의 환경에 너무 만족하고 있습니다.

우재는 7살이 됐고 서진이는 3살이 됐습니다. 늘 반겨주어 고마울 따름입니다. 두 아들과 즐겁고도 힘든 생활을 함께 하는 은영이에게는 언제나 미안합니다. 밤 11시를 넘긴 시간이면 두 아들을 옆에 두고 잠이 들었다가 깰 시간입니다. 최근에는 피곤한지 깨워도 못 일어납니다. 사랑하는 것일까요? 그런가 봅니다.

무엇보다 이 책을 보고 있는 당신에게 감사드립니다. 제가 당신에게 해줄 수 있는 것은 당신의 선택이 헛되지 않게 좋은 내용을 담는 것이라고 생각합니다. 앞으로도 덜 팔리더라도 내용 있는 책을 내도록 하겠습니다. 참, 출판사의 장성두 팀장이 그랬습니다. 표정은 썩 밝지 않았던 것으로 기억합니다.

"많이 나가진 않겠지만, 세상에 나와야 하는 책이네요…."

많이 판매될까요? 저도 아니라고 생각합니다. 많이 판매되지 않아도 고맙습니다. 정말 고맙습니다.

2008. 2

김 샘 드림

저자에 대하여

김정훈(일명 김샘) applekoong@naver.com

대한민국의 대표 강사 혹은 대표 저자?
어쩌면 팔리지 않는 책을 쓰기로 유명한 저자일지도 모릅니다.

직업이 강의이다 보니 강의야 당연히 잘 하겠지만,
책이 베스트셀러가 되지 않는 걸로 보면
대한민국의 대표가 되기에는 부족한가 봅니다.

삼성과 LG를 비롯해서 좋다고 알려진 교육센터를 방황하다
2007년 7월에 다담 교육센터에 자리를 잡았습니다.
저자는 교육센터의 직원이라는 마음으로 항상 센터에 상주하기 때문에
언제든지 다담에서 만날 수 있습니다.
아니면 네이버 카페 www.printf.co.kr에서 만날 수 있습니다.

친절함이라는 모토에 걸맞게 엄선된 답변을 하기로 유명한 김샘!
계속해서 이어질 김샘 시리즈의 진수를 느껴보시기 바랍니다.

이상 김샘의 자기 자랑이었습니다. ^^;

김샘의 집필서적은 다음과 같습니다.

> - 『TCP/IP 소켓 프로그래밍: 소리바다에서 한게임까지』(교학사, 2003)
> - 『알고리즘과 함께 하는 C의 아름다움: 실용적 사례 570제로 풀어보는』
>   (사이텍미디어, 2003)
> - 『프로젝트와 함께 하는 STL의 아름다움』(사이텍미디어, 2004)
> - 『포인터와 함께 하는 C의 아름다움』(사이텍미디어, 2005)

차 례

FUNCTION POINTER

IT 대한민국은 ITC(Info Tech Corea)가 함께 하겠습니다.
www.itcpub.co.kr

기초

Part 01

▶ 이 장의 개요

이번 장에서는 함수 포인터를 사용함에 있어 가장 기본이 되는 요소를 설명합니다. 이번 장을 끝마치면 어색하긴 하겠지만 어느 정도나마 함수 포인터를 사용할 수 있을 것입니다. 이번 장 뒤에 나오는 내용을 공부하는 중에 언제라도 막힌다면 이곳으로 와서 다시 한번 기초를 다지도록 합니다.

▶ 이 장의 목표

1. 함수에 주어진 이름에 대한 정확한 이해
2. 함수 포인터 변수 선언 및 호출과 관련된 기본 문법 습득

∷ 함수 이름 Function Name

간단한 코드를 통해 함수가 동작하는 원리를 파악해 봅시다. 보통 이런 작업은 어셈블리(Assembly Language)를 사용하는데, 저는 절대 그렇게 하지 않습니다. 복잡하지도 않은데 어셈블리를 동원할 이유가 없습니다. 참고로 저는 간단한 어셈블리 코드를 작성하고 엉성하긴 하지만 코드를 읽어내는 수준입니다. 이 책의 뒤에 가면 일부 어셈블리가 나오긴 하지만, 절대 긴장할 수준은 아니라는 것을 미리 밝혀둡니다.

```
printf("printf () 주소 : %d\n", printf);
[출력] printf() 주소 : 270722032
```

세 번에 걸쳐 printf라는 이름을 사용했고, 모두 다른 용도로 사용되었습니다.

1. 큰 따옴표("") 중간에 들어간 printf는 함수와는 아무런 상관이 없는 문자열의 일부로, 아스키 코드를 참고하는 데이터일 뿐입니다.
2. 첫 번째 나온 printf야말로 함수를 호출할 때 사용하는 전형적인 문법입니다. 첫 번째가 함수 호출이 되는 이유는 오른쪽에 () 연산자가 나오기 때문입니다. () 연산자에 대해 군이 이름을 붙인다면, '함수 호출' 연산자 정도가 될 듯합니다.

3. 마지막에 나온 `printf`는 데이터(값, value)로 사용되었습니다. 다만 이 값이 어딘 가를 가리키는 주소, 즉 포인터라는 것이 다르고, 여기에 코드를 가리키기 때문에 더욱 특별합니다.

함수 포인터를 이해한 다음부터 함수와 변수를 ( ) 연산자가 있느냐 없느냐로 구분하게 되었습니다. 마지막에 사용된 `printf`의 경우, ( ) 연산자가 없기 때문에 모니터에 출력하는 코드가 있는 곳(`printf` 함수)을 가리키는 주소를 코드 호출이 아닌 다른 용도로 사용합니다. 여기서는 %d 타입에 전달되어 코드가 있는 곳의 주소를 출력하기 위해 사용되었습니다.

```
printf("hello");
```

이 코드는 4개의 요소로 이루어졌습니다. 누구나 알고 있는 쉬운 것부터 차례대로 분석해 보겠습니다.

1. ; (세미콜론, semicolon)

   문장의 끝을 나타내는 문법으로 함수 호출과는 아무런 상관이 없습니다. 변수 선언 및 계산식과 같은 코드에서도 흔하게 볼 수 있습니다.

2. "hello"

   문자열이 저장된 주소를 가리킵니다. C 언어는 여러 개의 문자를 한 번에 처리하기 위한 용도로 ""를 사용합니다. 여기서는 모니터에 출력할 데이터를 가리킵니다.

3. printf

   모니터에 출력하는 코드가 존재하는 영역의 시작 위치를 가리킵니다. 구성 요소 중에서 유일하게 코드를 식별하는 부분으로, 함수 이름에 따라 어떤 코드를 사용할지 결정합니다. `scanf`라는 이름은 키보드로부터 입력받는 코드 영역의 시작 위치를 가리킵니다.

4. ( )(둥근 괄호)

   코드가 위치한 곳으로 이동해서 차례대로 코드를 실행시킵니다.

( )는 연산자로서 자신만의 고유한 역할을 갖고 있습니다. ( ) 연산자는 군이 구분하자면 단항 연산자가 되고, 값(숫자, 항, operand)은 연산자의 왼쪽에 와야 합니다. 값에 들어 있는 위치로 이동하면서 ( ) 안에 포함된 값을 이동 코드로 전달하는 것이 ( ) 연산자가 동작하는 방식입니다. 여기에 이동한 위치의 첫 번째 코드부터 실행시키기 위해 CPU에 들어있는 몇 가지 레지스터(register)를 설정합니다.

( ) 연산자에 대한 이해는 함수 포인터를 이해하는 데 있어 가장 중요한 요소일 것입니다. ( ) 연산자가 있기 때문에 원하는 코드로 이동해서 실행시키는 것이 가능하지 함수 이름만 갖고는 아무것도 할 수 없습니다.

printf라는 이름은 주소이긴 하지만 절대 바뀔 수 없는 주소이기 때문에 상수 주소입니다. 실행 코드가 메모리에 적재되면 적재 위치를 변경할 수 없습니다. 변수를 할당하고 나서 할당된 메모리의 위치를 변경하지 못하는 것과 같습니다. 변경할 수 있는 것은 오직 할당된 메모리에 들어가는 값뿐입니다.

( ) 연산자가 연산자라면, 다른 연산자와 마찬가지로 상수에 대해서 적용했던 동작을 변수에 대해서도 똑같이 적용할 수 있을 것입니다. 함수 포인터는 함수를 가리키는 변수를 말하고, 상수가 그랬던 것처럼 저장한 변수를 사용해서 함수를 호출할 수 있습니다.

 ## 선언 Declaration

함수 포인터를 사용하기 위한 첫 번째 코드는 선언입니다. 함수 포인터가 변수의 일종이라면 제대로 선언해서 변수를 만들어야 함수를 호출하는 작업을 수행할 수 있습니다.

다음은 가장 간단한 형태의 함수를 정의하고 호출하는 코드입니다.

```
1   #include <stdio.h>
2
3   void Test(void);
4
5   void main(void)
6   {
7       Test();
8   }
9
10  void Test(void)
11  {
12      printf("함수 포인터 연습\n");
13  }
```

○ **출력결과**

> 함수 포인터 연습

함수 포인터 변수를 선언하기 위해 가장 먼저 해야 할 일은 함수 포인터 변수의 자료형을 판단하는 것입니다. 자료형을 모르면 변수를 선언할 수 없습니다. 함수 포인터 변수는 자료형이 난해하기 때문에 다른 변수의 자료형을 통해 함수 자료형을 이해해 보도록 합니다.

변수 선언은 변수 이름과 자료형으로 이루어지고, 함수 선언 또한 마찬가지입니다. 자료형을 판단할 때 유용한 방법으로 명확한 것을 먼저 처리하는 방법이 있습니다. 변수 선언에서 자료형을 추출하기 어렵다면 변수 이름을 먼저 제거합니다. 남는 것 전부가 자료형입니다.

함수 자료형도 마찬가지입니다. 함수 선언에서 함수 이름을 제거하면 낯선 형태이긴 하지만 남겨진 전부가 자료형이 됩니다. 어색하다는 것과 틀렸다는 것은 완전히 다른 말입니다. 앞으로 익숙해질 것입니다.

```
선 언 : void Test(void)
자료형 : void (void)
```

선언에서 함수 이름을 제거하면 위와 같이 됩니다. 맞습니다. 정확하게 된 것입니다. 다만 함수의 특성에 따라 자료형을 읽는 방법이 다릅니다. 함수는 반환값과 매개 변수를 가지므로, "void를 반환하고 void를 매개 변수로 갖는 자료형"이라고 해야 합니다. 아니면 void의 특징에 맞게 "반환값이 없고 매개 변수도 없는 자료형"이라고 하면 더 좋습니다.

몇 가지 함수 선언을 통해 앞의 설명을 확실히 정리합니다.

```
int Temp1( char* str )
```

Temp1 함수는 int를 반환하고 char*를 매개 변수로 갖는 자료형입니다.

```
int* Temp2( int* array, int size )
```

Temp2 함수는 int*를 반환하고 int*와 int를 매개 변수로 갖는 자료형입니다.

함수 자료형에 대해 눈을 떴다면 이제 변수를 선언할 때가 되었습니다. 배운 지식을 토대로 도전해 봅시다.

📥 **body_1_1_1.c**

```
 1    #include <stdio.h>
 2
 3    void Test(void);
 4
 5    void main(void)
 6    {
 7        void FuncPointer(void);
 8    }
 9
10    void Test(void)
11    {
12        printf("함수 포인터 연습\n");
13    }
```

⊙ **출력결과**

없음

⊙ **코드설명**

[7번째 줄]
Test()를 직접 호출하는 대신 새로운 코드를 추가했습니다. 앞에 나온 설명에 따르면 FuncPointer 라는 변수가 선언된 것으로 착각할 수 있습니다. 그러나, 이 코드는 변수 선언이 아닌 함수 선언입니다.

3번째 줄과 비교해 보십시오. 전혀 다르지 않습니다. 다른 것이라곤 함수의 이름뿐입니다. 그래서 이 코드만으로는 컴파일러에게 함수 포인터 변수를 선언한다고 얘기하는 코드가 아닙니다. 무언가 빠진 것이 있습니다.

변수 선언에서는 다른 변수의 선언 전체를 복사해서 붙여 넣은 다음, 변수 이름만 바꿔서 사용하는 것이 가능합니다. 그러나, 함수는 변수처럼 같은 코드가 두 개 이상 존재할 필요가 없습니다. 컴파일러에 의해 코드가 생성되고 메모리에 적재되고 나면, 코드를 추가하는 작업은 일어날 수 없으므로 코드 복사는 불가능합니다.

우리에게 필요한 것은 코드가 있는 영역의 시작 주소(함수)이지 코드를 저장할 변수가 아니라는 점을 명심합니다. 따라서 주소를 저장할 포인터 변수를 선언하는 것이 목표가 되어야 합니다.

호출 Function Call

변수에서 복사본을 유지할 필요가 없을 때 포인터 변수를 사용했던 것처럼, 미리 만들어 놓은 함수를 가리키는 주소를 저장할 포인터 변수를 선언해 봅니다. 이번에 만들 포인터 변수는 데이터(변수)가 아닌 코드(함수)를 가리킨다는 점만 다르지, "가리킨다"는 관점에서 보면 다를 것이 없습니다. 함수 포인터 변수를 선언할 때는 "가리킨다"를 뜻하는 *(asterisk, star, 간접, 역참조) 연산자가 필요합니다. 데이터를 가리키는 포인터 변수를 만들기 위해 이름 앞에 * 연산자를 붙였던 것처럼 코드를 가리키는 포인터 변수를 만들기 위해 이름 앞에 * 연산자를 붙이는 것입니다.

```
void* FuncPointer(void);
```

main() 안에 포함된 코드(앞의 코드에서 7번째 줄)를 수정해서 함수 이름 앞에 별(*)을 추가했습니다. 그럼에도 여전히 이 코드는 변수 선언이 아닌 함수 선언입니다. 코드를 있는 그대로 해석하면 "FuncPointer 함수는 void*를 반환하고 매개 변수가 없는 자료형"이 됩니다.

문제는 연산자 우선순위(Operator Precedence)에 있습니다. 여러 개의 연산자가 계산식에 등장할 때는 연산자를 해석하는 순서가 가장 중요합니다. FuncPointer의 왼쪽과 오른쪽에 두 개의 연산자(*와 () 연산자)가 왔기 때문에 먼저 해석되는 것이 어떤 것인지 알아야 합니다. 우리의 목적은 포인터 변수를 선언하는 것입니다.

```
void (* FuncPointer)(void);
```

비로소 포인터 변수 선언이 완료됐습니다. 두 개의 ()가 있지만, 먼저 나오는 ()를 먼저 해석하므로 FuncPointer라는 이름은 *(star), 즉 포인터 변수로 해석됩니다. 포인터 변수이기 때문에 무언가를 가리켜야 하는데, 아직 어떤 것을 가리키는지는 나오지 않았습니다. 해석한 부분을 제거하면 void (void)가 남게 되고, 결국 이 부분이 가리키는 것이 됩니다. 있는 그대로 해석을 하면, "반환값이 없고 매개 변수도 없는 함수" 자료형이 됩니다. 전체를 연결하면, "FuncPointer라는 이름은 포인터 변수이고, 반환값과 매개 변수가 없는 함수를 가리킨다"라고 얘기할 수 있습니다.

📥 **body_1_1_2.c**

```
1   #include <stdio.h>
2
3   void Test(void);
4
5   void main(void)
6   {
7       void (* FuncPointer)(void) = Test;
8       FuncPointer();
9   }
10
11  void Test(void)
12  {
13      printf("함수 포인터 연습\n");
14  }
```

▶ **출력결과**

함수 포인터 연습

▶ **코드설명**

[7번째 줄]
함수 포인터 변수를 선언하고 8번째 줄에서 간접 호출 방식을 사용해서 Test()를 호출합니다. Test라는 이름을 직접 사용하지 않고, 다른 변수에 저장된 주소를 이용해서 우회했기 때문에 간접 호출입니다. 직접과 간접이라는 점에서만 차이가 날 뿐, 지정한 코드에 접근해서 해당 영역의 코드를 실행한다는 점에서는 어떤 차이도 없습니다.

함수 포인터와 관련해서 몇 가지 변종 내지는 어쩌면 원류일 수도 있는 방법이 존재합니다. 함수를 가리킨다는 것이 무슨 의미인지를 정확하게 인지하면, 어떤 방법이 됐건 중요하지 않다는 것도 이해할 수 있을 것입니다. 여기서는 무엇이 정통인지에 대한 토론은 무시합니다.

```
void (* FuncPointer)(void) = &Test1;
```

함수의 주소를 전달할 때 & 연산자를 붙이는 것은 C 언어에서 붙이지 않는 것과 차이가 없습니다. 데이터에서는 1차원인지 2차원인지에 따라 포인터 연산이 달라지기 때문에 중요하지만, 함수 포인터에서는 포인터 연산이 의미가 없습니다. `printf+1`을 하면 `scanf`가 되는 것이 아닙니다. 함수 포인터에 대한 포인터 연산은 문법적으로 금지되어 있습니다.

```
(* FuncPointer)();
```

함수 포인터 변수가 가리키는 함수를 호출할 때, * 연산자를 앞에 붙이는 것은 붙이지 않는 것과 차이가 없습니다. 원본 변수에 접근할 때 * 연산자를 붙이기 때문에 꼭 그래야 할 것 같지만, 코드라는 점을 감안하면 원본이라는 것이 무의미할 수 있습니다.

예전에는 어느 것이 옳은지 검증하려고 시도했던 때도 있지만, 지금은 쉬운 코드를 사용합니다. 선언할 때는 & 연산자를 붙이지 않고, 사용할 때도 * 연산자를 붙이지 않는 것이 편하므로 그렇게 사용합니다. 이후에 나오는 모든 코드에서는 별다른 설명 없이 이와 같이 표기하겠습니다.

여기서 잠깐

C++에서의 멤버 함수(Member Function)를 가리키는 함수 포인터에서는 &와 *가 필요합니다. & 연산자를 붙여서 선언했다면, * 연산자를 붙여서 사용하는 것이 문법적으로 맞습니다. 쌍을 이루는 연산자이니까요. 이와 같은 방식에서는 함수 전체를 하나의 변수로 취급하는 것이고, 문법적으로 C 언어에서 제공하는 것보다 좀더 엄격하다고 할 수 있습니다. 이들 연산자를 적용한 코드는 C++의 함수 포인터를 설명할 때 나옵니다.

언어에 대해 분류할 때 C 언어는 자료형을 약하게 검사하는 언어이고, C++는 강하게 검사하는 언어라고 얘기합니다. 메모리를 동적으로 할당하는 `malloc()`를 예로 들면, C 언어에서는 반환값에 대해 오류를 보고하지 않지만, C++에서는 형변환을 하지 않을 경우 오류를 보고합니다. `void*` 자료형에 대해 C 언어에서는 모든 포인터에 대해 사용할 수 있다고 보지만, C++는 사용처를 명확하게 밝혀야 합니다. 각각 약한 타입(weak type)과 강한 타입(strong type)이라고 부릅니다. 강한 타입의 언어라면 &와 * 연산자를 붙이는 것이 타당하다고 볼 수 있겠습니다.

▶ 연습 문제

1. 선언된 함수의 자료형을 문법에 얽매이지 말고 한글로 풀어서 설명하세요. 이들 함수는 모두 C 언어에서 제공하는 표준 함수입니다.

   A. void *calloc(size_t num, size_t size)

   B. double difftime(time_t timer1, time_t timer0)

   C. struct tm *gmtime(const time_t *timer)

   D. void *memchr(const void *buf, int c, size_t count)

   E. int strcmp(const char *s1, const char *s2)

2. 아래에서 요구하는 형태의 함수 포인터 변수를 선언하고, 선언된 변수를 이용해서 해당 함수를 사용하는 코드를 작성하세요. 이들 함수는 모두 C 언어에서 제공하는 표준 함수입니다.

   A. int rand(void)

   B. char *strcpy(char *dest, const char *src)

   C. int atexit(void (* func)(void))

   D. char *strstr(const char *src, const char *search)

   E. int system(const char *command)

Chapter 02

선택

▶ 이 장의 개요

이번 장에서는 코드를 선택하는 기술에 대해 공부합니다. 비슷한 종류의 코드가 if나 switch문과 같은 제어문을 통해 나열될 때, 똑같은 코드를 단순하게 중복시키는 것은 초보 수준일 것입니다. 함수 포인터를 사용하면 코드가 어떻게 달라질 수 있는지 공부합니다.

▶ 이 장의 목표

1. 제어문과 함수 사이에 존재할 수 있는 연관성 이해

2. 코드를 선택하기 위한 함수 포인터 이해 및 활용 방법 습득

분기 switch

여러 개의 함수가 있고 이들을 함수 포인터로 묶고 싶다면, 한 가지 조건만 준수하면 됩니다. "모든 함수의 자료형이 같아야 한다!" 어떤 코드에서 A라는 함수도 호출하고 B라는 함수도 호출할 수 있지만, 각각의 함수에 다른 매개 변수를 전달할 방법은 없습니다. A나 B는 단순히 코드의 시작 주소에 불과하기 때문에 어떤 주소로도 대체할 수 있지만, 매개 변수는 함수마다 다를 수 있기 때문에 서로 다른 자료형의 함수를 묶어내는 방법은 없다고 보는 것이 좋습니다. 똑같은 코드를 사용해서 이번에는 2개의 매개 변수를, 다음에는 3개의 매개 변수를 전달할 수 없습니다. 어쨌든 자료형이 다른 경우에 대한 코드가 나중에 나옵니다. 일단은 묶을 수 없다고 가정합니다.

지금까지 해왔던 것처럼 코드를 나열합니다. 함수의 기능을 보는 것이 아니라 취사 선택이 가능한지 보는 것이기 때문에 함수의 기능은 최소한으로 처리합니다. 또한 함수 포인터에 적용하기 위해 호출될 함수의 자료형은 모두 같게 만듭니다.

📥 **body_1_2_1.c**

```
1    #include <stdio.h>
2    #pragma warning(disable:4996)
3
4    void Hello(void);
5    void GoodNight(void);
6    void WhatsUp(void);
7
8    void main(void)
9    {
10       int menu;
11
12       while(1)
13       {
14           printf("[0] Quit [1] Hello [2] GoodNight [3] WhatsUp - ");
15           scanf("%d", &menu);
16
17           if(menu < 0 || menu > 3)
18               continue;
19
20           if(menu == 0)
21               break;
22
23           switch(menu)
24           {
25           case  1 : Hello();          break;
26           case  2 : GoodNight();      break;
27           default : WhatsUp();        break;
28           }
29       }
30   }
31
32   void Hello(void)
33   {
34       printf("Hello?\n");
35   }
36
37   void GoodNight(void)
38   {
39       printf("Good night!\n");
```

```
40    }
41
42    void Whats'Up(void)
43    {
44         printf("What's up?\n");
45    }
```

● 출력결과

[0] Quit [1] Hello [2] GoodNight [3] WhatsUp − 1
Hello?
[0] Quit [1] Hello [2] GoodNight [3] WhatsUp − 2
Good night!
[0] Quit [1] Hello [2] GoodNight [3] WhatsUp − 3
What's up?
[0] Quit [1] Hello [2] GoodNight [3] WhatsUp − 0

● 코드설명

[4번째 줄]
자료형이 같은 함수를 세 개 선언했습니다. 가장 간단한 함수라고 언급했던 것처럼 반환값과 매개 변수가 없습니다.

[12번째 줄]
0번을 선택할 때까지 반복합니다. 메뉴가 등장한 첫 번째 예제라서 정수를 사용해서 함수를 선택합니다. 0번에서 3번까지의 메뉴 외에 나머지 메뉴를 선택하면 아무것도 수행하지 않습니다. 18번째 줄의 continue 키워드가 반복문의 나머지 코드를 건너뛰게 합니다.

[23번째 줄]
switch문으로 여러 함수 중에서 하나를 골라 "직접" 출력합니다. 이 부분이 고전적인 제어문에 해당합니다. 함수 포인터를 사용하면, 이 부분에 대해 다른 방식으로 처리할 수 있습니다.

[32, 37, 42번째 줄]
자료형이 같은 함수들을 정의합니다. 반환값과 매개 변수가 없는 가장 단순한 함수입니다. 이 함수는 뒤에 나오는 코드에서 함수 포인터 변수에 치환해서 호출됩니다. 지금은 직접 호출하지만 나중에는 간접 호출합니다.

지금 본 코드는 너무나 평범해서 주석을 달기가 애매할 정도입니다. 그러나, 실력을 다지기 위해 기본이 튼튼해야 한다는 모두 알고 있을 겁니다. 함수 포인터, 시작에 불과하니 조금만 기다리면 누구나 어렵다고 말하던 그 코드가 나옵니다. 알고 있는 얘기를 할 때가 가장 좋을 때입니다. 학생에게는 말이죠.

 ## 선택 Selection

앞에서 사용한 코드를 그대로 사용합니다. 다만 함수 포인터를 이용한다는 점만 다릅니다. 여전히 사용자는 1번부터 3번까지의 함수 중에서 선택할 수 있습니다. 다음은 함수 포인터를 사용하는 가장 쉬운 방법입니다.

body_1_2_2.c

```c
1   #include <stdio.h>
2   #pragma warning(disable:4996)
3
4   void Hello(void);
5   void GoodNight(void);
6   void WhatsUp(void);
7
8   void main(void)
9   {
10      void (* func)(void) = NULL;
11      int menu;
12
13      while(1)
14      {
15          printf("[0] Quit [1] Hello [2] GoodNight [3] WhatsUp - ");
16          scanf("%d", &menu);
17
18          if(menu < 0 || menu > 3)
19              continue;
20
21          if(menu == 0)
22              break;
```

```
23
24          switch(menu)
25          {
26          case  1 : func = Hello;          break;
27          case  2 : func = GoodNight;       break;
28          default : func = WhatsUp;         break;
29          }
30
31          func();
32      }
33  }
34
35  void Hello(void)
36  {
37      printf("Hello?\n");
38  }
39
40  void GoodNight(void)
41  {
42      printf("Good night!\n");
43  }
44
45  void WhatsUp(void)
46  {
47      printf("What's up?\n");
48  }
```

◯ 출력결과

```
[0] Quit [1] Hello [2] GoodNight [3] WhatsUp - 1
Hello?
[0] Quit [1] Hello [2] GoodNight [3] WhatsUp - 2
Good night!
[0] Quit [1] Hello [2] GoodNight [3] WhatsUp - 3
What's up?
[0] Quit [1] Hello [2] GoodNight [3] WhatsUp - 0
```

코드설명

[10번째 줄]

함수 포인터 변수를 선언합니다. 포인터 변수이므로 초기값으로 아무것도 가리키지 않는다는 뜻으로 NULL 포인터를 저장합니다. 반환값도 없고 매개 변수도 없는 함수를 가리키기 때문에 void 키워드가 두 번 나옵니다.

[24번째 줄]

case와 default 레이블(label)에서 선택한 함수를 함수 포인터 변수 func에 저장합니다. 절대 여기서 호출하지 않습니다. switch문을 통과하면서 어떤 함수를 선택했는지 결정합니다. 각각의 분기마다 다른 결과가 나올 때, 해당 결과를 별도의 변수에 저장해서 if문이나 switch문을 통과한 다음에 사용하는 것과 같은 이치입니다. 함수는 주소이기 때문에 저장할 수 있습니다.

[31번째 줄]

선택한 함수를 호출합니다. 함수 포인터 변수 오른쪽에 ( ) 연산자만 붙이면 된다는 사실을 모두 알고 있을 것입니다. 아주 쉽습니다. 이 한 줄의 코드를 보여주기 위해 지금까지 코딩했습니다. 정말 소중한 코드가 아닐 수 없습니다.

함수 포인터를 사용하지 않은 코드보다 오히려 길어졌고, 괜히 복잡한 코드가 나와서 신경을 건드립니다. 전체적으로 봤을 때 별다른 이점이 있을 거라는 생각은 들지 않습니다. 그러나 함수 포인터를 활용하는 예는 아직 나오지 않았고, 이와 같은 단순한 코드에서는 실제로도 재미를 볼 수 없습니다.

너무 쉽다는 생각이 든다면 잘 따라가고 있는 것입니다. 이제 어려워집니다. 쉬운 코드에서 완전히 이해하고 넘어가도록 해야겠습니다. 여기서는 제어문을 통해 저장했다가 호출할 수도 있다는 것만 기억합니다.

연습 문제

1. 사칙연산에는 덧셈과 뺄셈, 곱셈, 나눗셈이 있습니다. 이들을 함수로 꾸민 다음, 본문에서처럼 0을 입력할 때까지 이들 함수를 호출해서 결과를 출력하는 코드를 작성하세요. 참고로 나눗셈에서 0으로 나눌 때 발생하는 에러에 대한 처리까지 할 필요는 없습니다.

[0] 종료 [1] 덧셈 [2] 뺄셈 [3] 곱셈 [4] 나눗셈

> **출력결과**

[0] 종료 [1] 덧셈 [2] 뺄셈 [3] 곱셈 [4] 나눗셈 – 1
정수 : 11
정수 : 22
결과 : 33

[0] 종료 [1] 덧셈 [2] 뺄셈 [3] 곱셈 [4] 나눗셈 – 2
정수 : 11
정수 : 22
결과 : 211

[0] 종료 [1] 덧셈 [2] 뺄셈 [3] 곱셈 [4] 나눗셈 – 3
정수 : 11
정수 : 22
결과 : 242

[0] 종료 [1] 덧셈 [2] 뺄셈 [3] 곱셈 [4] 나눗셈 – 4
정수 : 11
정수 : 22
결과 : 0

[0] 종료 [1] 덧셈 [2] 뺄셈 [3] 곱셈 [4] 나눗셈 – 0

2. 문자열을 복사하는 두 개의 함수가 있습니다. 복사(strcpy)와 연결(strcat). 이들 함수를 사용해서 본문에 나온 것처럼 메뉴를 구성합니다. 그러나, 이번 메뉴는 번호를 입력받는 것이 아니라 문자열을 입력받아서 처리해야 합니다. "Quit" 문자열을 입력하면 프로그램이 종료됩니다. 참고로 이들 함수는 표준 함수에 들어있으므로 직접 구현하지 않아도 됩니다.

[메뉴] Quit strcpy strcat

⊙ **출력결과**

Quit strcpy strcat - strcpy
buf1 :
buf2 : Hello
결과 : Hello

Quit strcpy strcat - strcat
buf1 : Hello
buf2 : 여러분
결과 : Hello여러분

Quit strcpy strcat - Quit

Chapter **03**

배열

▶ 이 장의 개요

if문으로 대표되는 제어문은 분기의 특성상 성능이 떨어질 수밖에 없습니다. 반드시 제어문을 사용할 수밖에 없는 경우도 있지만, 앞장에서 봤던 예제는 제어문을 피할 수 있습니다. 이번 장에서는 같은 종류의 함수 포인터를 배열에 넣어서 관리하는 방법에 대해 공부합니다. int 배열을 다루는 것처럼 함수 포인터 배열도 어렵지 않습니다.

▶ 이 장의 목표

1. 함수 포인터를 배열에 저장하기 위한 문법 이해 및 습득

2. 배열을 사용할 때의 장점과 단점 이해

 ## 선언 Declaration

변수가 많아질 경우 관리를 위해 배열을 사용합니다. 함수 포인터 변수 또한 포인터 변수에 지나지 않으므로 배열에 저장할 수 있습니다. 다만 배열의 정의에 따라 같은 자료형을 갖는 포인터만 저장해야 합니다. 실력이 뛰어나다면 서로 다른 자료형을 저장할 수 있는 방법도 찾아볼 수 있겠지만, 배열은 대부분 같은 자료형으로 구성됩니다. 더욱이 함수 포인터에 대해 다른 자료형을 지정한다는 것은 불가능에 가깝습니다.

다음은 앞장에서 사용했던 코드로 가장 단순한 형태의 함수입니다.

```
void (* func)(void);
```

반환값과 매개 변수가 없는 함수를 가리키는 포인터 변수의 선언입니다. 이 코드가 변수 선언이 맞다면 무조건 배열로 선언할 수 있습니다. 배열을 만들기 위해서는 [ ] 연산자가 필요하고, [ ] 연산자는 변수 이름의 오른쪽에 붙는다는 사실까지 알고 있습니다. 이제 [ ] 연산자를 사용해서 배열을 선언합니다.

```
void (* FuncArray)(void)[3];
```

[ ] 연산자를 오른쪽에 붙이고 배열 크기까지 지정했습니다. 그러나, 엄청난 에러만 발생합니다. 일반적으로 함수 포인터 배열을 선언하라고 하면 이렇게 합니다. 일반 변수에 대한 배열처럼 [ ] 연산자를 습관적으로 마지막에 붙이고, 해석할 수 없는 에러 메시지로 고민하는 경우를 자주 봅니다.

[ ]의 위치를 결정하기에 앞서 무엇을 하려는지 목적을 분명히 해야 합니다. 함수 포인터 배열을 선언하는 것이 목적이라는 것을 분명히 기억합니다. 덧붙여, 코드가 해석되는 순서가 무엇보다 중요하다는 사실도 기억합니다. void (void)라는 자료형을 저장하기 위해 배열을 선언하는 것인데, [ ] 연산자를 뒤에 붙일 경우 원하는 순서대로 해석되지 않습니다. ( ) 바깥에 있고 오른쪽 끝에 있으므로 마지막에 해석될 것입니다.

처음에 사용했던 코드를 사용해서 기억을 더듬어 봅시다. 앞장에서 연습했던 것처럼 다시 한번 최초 선언을 있는 그대로 해석해 봅니다.

```
void (* func)(void);
```

( )를 먼저 해석한다는 규칙에 따라 func와 * 연산자를 먼저 해석합니다. func 변수는 * 연산자가 있으므로 무언가를 가리키는 포인터 변수가 됩니다. 포인터 변수라고 해석이 일단 되었기 때문에 나머지 전부는 가리키는 대상이 될 수밖에 없습니다. 나머지 전부는 void (void)이므로 반환값이 없고 매개 변수도 없는 함수가 됩니다. 전체를 이어서 해석하면, "func는 포인터 변수로 반환값과 매개 변수가 없는 함수를 가리킨다"가 됩니다.

* 연산자를 먼저 해석했기 때문에 포인터 변수가 될 수 있었다는 사실을 이해해야 합니다. 배열이 되기 위해서는 * 연산자처럼 [ ] 연산자가 먼저 해석되어야 합니다. 더불어 [ ] 연산자는 성격상 변수의 뒤쪽에 오기 때문에 결국 남은 위치는 첫 번째 ( )의 안쪽이 될 수밖에 없습니다.

```
void (* FuncArray[3])(void);
```

있는 그대로 다시 해석합니다. *와 [ ] 연산자의 우선 순위는 절대적으로 [ ] 연산자가 높기 때문에 코드 해석에서도 우선권을 갖습니다.

FuncArray와 [ ] 연산자가 먼저 해석되므로 FuncArray는 배열이 됩니다. 이제 나머지 전부가 배열에 저장되는 요소입니다. 아직 첫 번째 ( )가 끝나지 않았으므로 * 연산자를 마저 해석합니다. 저장되는 요소는 무언가를 가리키는 포인터 변수입니다. 그래서 * FuncArray[3]는 포인터 배열이 되고, 나머지 전부가 가리키는 대상이 됩니다. 전체를 이어서 해석하면, "FuncArray는 세 개짜리 배열로 포인터를 저장하는데, 이들 포인터는 반환값과 매개 변수가 없는 함수를 가리킨다"가 됩니다. 순서에 상관없이 읽기 쉽게 나열하면, FuncArray는 반환값과 매개 변수가 없는 함수를 가리키는 포인터를 저장하는 세 개짜리 배열이 됩니다.

호출 Function Call

앞장에서 나왔던 코드를 재사용합니다. switch문 대신 배열을 사용했다는 차이를 제외하면 달라진 곳은 없습니다.

⬇ body_1_3_1.c

```c
1    #include <stdio.h>
2    #pragma warning(disable:4996)
3
4    void Hello(void);
5    void GoodNight(void);
6    void WhatsUp(void);
7
8    void main(void)
9    {
10       void (* FuncArray[])(void) = {Hello, GoodNight, WhatsUp};
11       int menu;
12
13       while(1)
14       {
15           printf("[0] Quit [1] Hello [2] GoodNight [3] WhatsUp - ");
16           scanf("%d", &menu);
17
18           if(menu < 0 || menu > 3)
```

```
19              continue;
20
21          if(menu == 0)
22              break;
23
24          FuncArray[menu-1]();
25      }
26  }
27
28  void Hello(void)
29  {
30      printf("Hello?\n");
31  }
32
33  void GoodNight(void)
34  {
35      printf("Good night!\n");
36  }
37
38  void WhatsUp(void)
39  {
40      printf("What's up?\n");
41  }
```

출력결과

[0] Quit [1] Hello [2] GoodNight [3] WhatsUp - 1
Hello?
[0] Quit [1] Hello [2] GoodNight [3] WhatsUp - 2
Good night!
[0] Quit [1] Hello [2] GoodNight [3] WhatsUp - 3
What's up?
[0] Quit [1] Hello [2] GoodNight [3] WhatsUp - 0

코드설명

[10번째 줄]
함수 포인터 배열을 선언했습니다. 일반 배열처럼 [ ]를 비워 봤습니다. { }를 이용한 초기화가 있기 때문에 컴파일러는 { } 안쪽에 포함된 요소 개수만큼 배열 크기를 자동으로 설정합니다. { } 안

쪽에는 FuncArray 배열의 요소와 같은 자료형인 반환값과 매개 변수가 없는 함수를 넣었습니다. 세 개를 넣었으므로 FuncArray 배열의 크기는 3입니다.

배열을 사용할 때는 요소의 순서가 중요합니다. 몇 번째에 어떤 함수가 들어있는지 착각을 하게 되면 심각한 오류로 돌아옵니다. 혹은 나중에라도 배열의 순서를 바꾸거나 할 때가 있는데, 이때는 함수 포인터를 사용한 전체 코드에 대해 검사를 해야 합니다. 쉽지 않은 작업이므로 "배열의 순서는 변경하지 않겠다!"라는 신념을 갖고 코딩하는 것이 좋습니다.

[24번째 줄]
switch문에서 선택한 함수를 저장하는 코드가 사라졌습니다. 배열 첨자를 사용해서 접근하면 되므로 분기가 필요 없습니다.

배열이므로 ( ) 연산자보다 [ ] 연산자를 먼저 사용해야 합니다. ( ) 연산자의 우선 순위가 높긴 하지만, 변수 이름과 떨어져 있기 때문에 당연히 [ ] 연산자를 먼저 해석합니다. menu는 1부터 시작했으므로 배열 첨자와 일치시키기 위해 1을 뺍니다. 그래서 FuncArray[menu-1]은 사용자가 선택한 함수가 됩니다. 여기까지 해석해서 함수 포인터가 되었다면 ( ) 연산자를 붙여서 함수를 호출합니다. [ ] 연산자를 붙이는 것이 어렵지 나머지는 앞에서 공부한 것들의 복습에 지나지 않습니다.

분기 코드가 사라졌다고 해서 항상 좋은 것은 아닙니다. switch문이 자리를 차지하고 번거롭게 느껴질 수도 있지만 코드의 가독성을 좋게 만드는 특징을 갖고 있습니다. 함수 포인터를 사용하면 코드가 짧아지고 성능이 좋아질 수 있지만 분명히 읽기 어려운 코드가 됩니다. 특히 어떤 함수가 호출되는지 전혀 알 수 없습니다. 메뉴와 함수 호출이 한눈에 들어오지 않는다고 생각해 보십시오. 프로그램이 복잡해져서 코드가 길어지는 경우가 대부분이니까요. 짧은 코드에서는 볼 수 없는 단점이 등장하게 됩니다.

아직 기초에 지나지 않을 뿐인데, 배열을 처리하는 이 시점에서 어렵게 느껴질 수도 있겠습니다. 그냥 문법일 뿐입니다. 이해되지 않는다면 한동안 외워서 사용하는 것도 좋은 방법입니다. 너무 낯선 표현이라서 거리감이 있는 것뿐입니다.

걱정하지 맙시다. 여기서 익혀야 할 것은 함수 포인터 배열이라는 문법이 가능하다는 것이지 실제로 사용하겠다는 것은 절대 아닙니다. 미흡하지만 제 경험에 의하면 함수 포인터를 배열에 넣어서 실제 코드에 적용해 본 적은 없었습니다. 충분히 호기심을 느낄 만한 주제이기 때문에 언급한 것입니다. 뒤에 나오는 것에 비해 사용 빈도도 낮고, 항상 그런 것은 아니지만 typedef 키워드를 사용해서 복잡도를 낮출 수 있는 방법도 있습니다. 이번 장을 이해하지 못하더라도 이후에 나오는 코드를 보기에는 무리가 없을 것을 약속합니다.

⮕ 연습 문제

1. 정수 산술 연산을 처리하는 함수들을 요소로 갖는 함수 포인터 배열을 선언하고, 메뉴 번호를 사용해서 함수를 호출하고 결과를 출력하세요. 메뉴 구성은 반드시 아래 메뉴를 사용합니다.

[0] 종료 [1] 덧셈 [2] 뺄셈 [3] 곱셈 [4] 나눗셈 [5] 나머지

> **⮕ 출력결과**
>
> [0] 종료 [1] 덧셈 [2] 뺄셈 [3] 곱셈 [4] 나눗셈 [5] 나머지 - 1
> 정수 : 11
> 정수 : 22
> 결과 : 33
>
> [0] 종료 [1] 덧셈 [2] 뺄셈 [3] 곱셈 [4] 나눗셈 [5] 나머지 - 2
> 정수 : 22
> 정수 : 11
> 결과 : 11
>
> [0] 종료 [1] 덧셈 [2] 뺄셈 [3] 곱셈 [4] 나눗셈 [5] 나머지 - 3
> 정수 : 22
> 정수 : 11
> 결과 : 242
>
> [0] 종료 [1] 덧셈 [2] 뺄셈 [3] 곱셈 [4] 나눗셈 [5] 나머지 - 4
> 정수 : 22
> 정수 : 11
> 결과 : 2
>
> [0] 종료 [1] 덧셈 [2] 뺄셈 [3] 곱셈 [4] 나눗셈 [5] 나머지 - 5
> 정수 : 22
> 정수 : 11
> 결과 : 0
>
> [0] 종료 [1] 덧셈 [2] 뺄셈 [3] 곱셈 [4] 나눗셈 [5] 나머지 - 0

2. 문자열과 관련된 함수를 만들어서 함수 포인터 배열의 요소로 넣고 실행시킵니다.

> **[메뉴]** Quit Input Print Uppercase Reverse

C 언어 표준 함수에 포함된 함수를 알고 있다면 굳이 만들지 않아도 됩니다. 다음은 각 메뉴에 대한 설명입니다.

A. Quit   – 프로그램 종료
B. Input   – 문자열을 키보드로부터 입력
C. Print   – 문자열을 모니터로 출력
D. Uppercase – 문자열을 대문자로 변환(Hey → HEY)
E. Reverse   – 문자열을 거꾸로 뒤집기(Hey → yeH)

○ 출력결과

```
[메뉴] Quit Input Print Uppercase Reverse – Print
Hello
[메뉴] Quit Input Print Uppercase Reverse – Input
Black
[메뉴] Quit Input Print Uppercase Reverse – Print
Black
[메뉴] Quit Input Print Uppercase Reverse – Print
[메뉴] Quit Input Print Uppercase Reverse – Uppercase
BLACK
[메뉴] Quit Input Print Uppercase Reverse – Reverse
[메뉴] Quit Input Print Uppercase Reverse – Print
KCALB
[메뉴] Quit Input Print Uppercase Reverse – Quit
```

typedef

▶ 이 장의 개요

이번 장에서는 typedef 키워드를 사용해서 가독성을 향상시키는 방법을 살펴봅니다. 어렵지 않은 사용법에 비해 결과가 탁월하기 때문에 꼭 익혔으면 하는 기술입니다. 복잡한 자료형인 함수 포인터에 대해서도 많이 사용하기 때문에 정확하게 익혀 실전에서 사용할 수 있기를 바랍니다.

▶ 이 장의 목표

1. typedef 키워드를 사용하기 위한 문법 습득

2. typedef 키워드의 장점과 단점 이해

기초 Basic

함수 포인터 자료형은 현업에 있는 C 언어 개발자에게도 어려운 주제입니다. 함수 포인터가 중첩된다거나 앞에서처럼 배열의 요소로 들어가게 되면 전체적인 윤곽이 잡히지 않아 많은 고생을 할 수밖에 없습니다. 가독성이 현대 프로그래밍의 최고 덕목이라면, 최고 덕목을 구현하기 위한 방법으로 typedef 키워드를 사용할 수 있습니다. 이 책을 보는 분들의 수준은 보통은 아닐테니 간략하게 설명하도록 하겠습니다.

1. `int age;`

   age 변수를 선언하는 코드입니다. int 자료형은 메모리를 할당하기 위한 용도로 사용됩니다.

2. `typedef int age;`

   앞의 코드에 typedef 키워드만 추가했습니다. 이제는 int 자료형을 변수를 선언하기 위한 용도가 아니라 새로운 자료형을 선언하기 위한 용도로 사용합니다.

   typedef 키워드의 역할은 단 하나, 새로운 자료형을 만드는 것입니다. 이때 무

(無)에서 유(有)를 창조하는 것이 아니라 기존에 있는 자료형을 갖고 만듭니다. 정확하게는 재정의라고 해야 합니다. 사용하고 있는 자료형의 의미가 분명하지 않기 때문에 분명한 이름으로 다시 정의를 하는 것입니다.

3. `age me, you;`

   `typedef` 키워드를 사용해서 앞에서처럼 정의했다면, 다음처럼 `age` 자료형을 사용할 수 있습니다. `me`와 `you` 변수는 나이를 가리키는 `age` 자료형이기 때문에 굳이 "나이"라고 표현하지 않아도 괜찮습니다.

   코드가 너무 간단해서 `typedef` 키워드를 사용할 때의 장점이 제대로 나타나지는 않았습니다. 함수 포인터에 적용된 코드를 보면 "사용해야겠구나!"라는 감탄이 절로 나올 거라고 생각합니다. 기대해도 좋습니다.

 ## 재정의 Re-Definition

`typedef` 키워드를 사용해서 함수 포인터 자료형을 어떻게 재정의할 수 있는지 순서대로 따라가 보겠습니다.

1. `void Test(void)`
   반환값과 매개 변수가 없는 함수의 선언입니다.

2. `void (* func)(void);`
   `Test()`의 선언이 1번과 같을 때의 함수 포인터 변수 선언입니다.

3. `typedef void (* func_t)(void);`
   변수 선언 앞에 `typedef` 키워드를 붙이면 함수 포인터 변수 선언에 사용한 자료형을, 새로운 자료형을 정의하기 위한 용도로 사용하는 셈이 됩니다. `typedef` 키워드로 재정의한 자료형은 관례에 따라 _t 접미사를 갖기 때문에 `func_t`로 이름을 수정했습니다.

4. `func_t func;`
   `func_t` 자료형을 사용해서 함수 포인터 변수를 선언합니다. 함수 자료형에 등장하는 ()가 없기 때문에 눈이 정말 편해집니다. 다른 말로 가독성이 좋아졌다고 합니다.

5. func();

함수를 호출합니다. 자료형을 재정의한 것에 불과하기 때문에 함수 호출에서는 어떤 차이점도 없습니다. 그냥 쉬워진 것뿐입니다.

여기서 잠깐

함수 포인터 변수를 선언할 때 ( )가 나오지 않아서 가독성이 좋아졌다고 말했는데, 이 말은 ( )가 없어졌다는 뜻이 아닙니다. `typedef` 키워드를 사용하는 곳으로 옮겨갔기 때문에 실제 사용하는 부분에서 가독성이 좋아졌다는 뜻이고, 함수 자료형을 계속적으로 사용할 수 있기 때문에 이후로 ( )가 등장하지 않을 거라는 뜻입니다. 어디에선가 한 번은 ( )가 등장해야 합니다. 그래야 함수지요.

 ## 활용 Usage

`typedef` 키워드에 대한 기본적인 설명이 끝났으므로 제대로 사용하는 것만 남았습니다. 함수 포인터 배열을 만들어서 `typedef` 키워드를 적용하면 어떻게 달라지는지 보겠습니다.

이전 장에서 사용했던 함수 포인터 배열을 사용하는 예제를 가져왔습니다. `typedef` 키워드를 사용하면서 달라진 부분에 대해서만 설명합니다.

📥 **body_1_4_1.c**

```
1    #include <stdio.h>
2    #pragma warning(disable:4996)
3
4    void Hello(void);
5    void GoodNight(void);
6    void WhatsUp(void);
7
8    typedef void (* func_t)(void);
```

```
 9
10   void main(void)
11   {
12       func_t FuncArray[3] = {Hello, GoodNight, WhatsUp};
13       int menu;
14
15       while(1)
16       {
17           printf("[0] Quit [1] Hello [2] GoodNight [3] WhatsUp - ");
18           scanf("%d", &menu);
19
20           if(menu < 0 || menu > 3)
21               continue;
22
23           if(menu == 0)
24               break;
25
26           FuncArray[menu-1]();
27       }
28   }
29
30   void Hello(void)
31   {
32       printf("Hello?\n");
33   }
34
35   void GoodNight(void)
36   {
37       printf("Good night!\n");
38   }
39
40   void WhatsUp(void)
41   {
42       printf("What's up?\n");
43   }
```

⊙ **출력결과**

> [0] Quit [1] Hello [2] GoodNight [3] WhatsUp - 1
> Hello?
> [0] Quit [1] Hello [2] GoodNight [3] WhatsUp - 2
> Good night!
> [0] Quit [1] Hello [2] GoodNight [3] WhatsUp - 3
> What's up?
> [0] Quit [1] Hello [2] GoodNight [3] WhatsUp - 0

⊙ **코드설명**

[8번째 줄]

함수 포인터 자료형을 typedef 키워드로 재정의했습니다. func_t 자료형을 사용해서 함수 포인터 변수를 선언할 수 있게 되었습니다. 다만 func_t 자료형으로 만드는 변수는 "반환값과 매개 변수가 없는 함수"에 대해서만 가능합니다. 모든 함수를 func_t 자료형으로 처리할 수 있는 것은 절대 아닙니다.

[12번째 줄]

함수 포인터 배열을 선언합니다. func_t 자료형을 사용했기 때문에 함수 포인터 배열처럼 느껴지지 않습니다. int 배열이나 double 배열처럼 간단하기 그지 없습니다. 눈이 복잡하게 느끼지 않는다면 실제로도 복잡하지 않은 겁니다. 배열을 선언한 것이므로 배열처럼 보일 때 가장 좋은 코드라고 말할 수 있습니다.

예전 코드가 아래에 있습니다. ( )가 등장하고 자료형이 변수 이름의 왼쪽과 오른쪽에 나누어졌기 때문에 코드가 현격히 복잡합니다.

```
void (* FuncArray[3])(void) = { Hello, GoodNight, WhatsUp };
```

typedef 키워드의 사용은 여기서 끝나지 않습니다. 배열보다 어려운 문법인 반환값과 매개 변수가 있습니다. 이들에 대해서 typedef 키워드를 적용할 수 있다면 가독성에 있어서 더 좋은 코드는 없다고 해도 과언이 아닙니다.

그러나, typedef 키워드는 가제트 형사와 같은 만능이 아닙니다. 함수의 자료형은 반환값과 매개 변수에 따라 모두 다르기 때문에 실제 상황에서는 typedef 키워드를 사용하지 못할 수도 있습니다. 함수 포인터가 너무 많이 나오면 일일이 자료형의 이름을 지정하기 어렵기 때문에 `typedef` 키워드를 사용하지 않는 것이 나을 수도 있습니다.

이 책에서는 복잡한 코드에 대해 가끔 `typedef` 키워드를 사용합니다. `typedef` 키워드를 사용해서 함수 포인터를 사용하는 목적이 분명해질 때 혹은 단순히 복습을 위한 용도로도 사용합니다. 나머지는 함수 자료형을 있는 그대로 표현해서 복잡한 코드에 대한 내성을 강화시킬 것입니다.

`typedef` 키워드의 모든 것을 봤고, 좋았다는 기억을 갖도록 합시다. 복잡한 자료형으로 인한 코드를 읽기 쉽게 만들어 주는 `typedef` 키워드, 꼭 기억하도록 합니다.

▶ 연습 문제

1. 정수 산술 연산을 처리하는 함수들을 요소로 갖는 함수 포인터 배열을 선언하고 메뉴 번호를 사용해서 함수를 호출하고 결과를 출력하세요. 메뉴 구성은 반드시 아래 메뉴를 사용합니다.

[0] 종료 [1] 덧셈 [2] 뺄셈 [3] 곱셈 [4] 나눗셈 [5] 나머지

아시다시피 앞장에 나왔던 것과 같은 문제입니다. 이 문제를 `typedef` 키워드를 사용해서 다시 풀어봅니다.

● 출력결과

```
[0] 종료 [1] 덧셈 [2] 뺄셈 [3] 곱셈 [4] 나눗셈 [5] 나머지 - 1
정수 : ??
정수 : 11
결과 : 33

[0] 종료 [1] 덧셈 [2] 뺄셈 [3] 곱셈 [4] 나눗셈 [5] 나머지 - 2
정수 : 22
정수 : 11
결과 : 11

[0] 종료 [1] 덧셈 [2] 뺄셈 [3] 곱셈 [4] 나눗셈 [5] 나머지 - 3
정수 : 22
정수 : 11
결과 : 242

[0] 종료 [1] 덧셈 [2] 뺄셈 [3] 곱셈 [4] 나눗셈 [5] 나머지 - 4
정수 : 22
정수 : 11
결과 : 2

[0] 종료 [1] 덧셈 [2] 뺄셈 [3] 곱셈 [4] 나눗셈 [5] 나머지 - 5
정수 : 22
정수 : 11
결과 : 0

[0] 종료 [1] 덧셈 [2] 뺄셈 [3] 곱셈 [4] 나눗셈 [5] 나머지 - 0
```

2. 문자열과 관련된 함수를 만들어서 함수 포인터 배열의 요소로 넣고 실행시킵니다.

> [메뉴] Quit Input Print Uppercase Reverse

C 언어 표준 함수에 포함된 함수를 알고 있다면 군이 만들지 않아도 됩니다. 다음은 각 메뉴에 대한 설명입니다.

A. Quit   – 프로그램 종료
B. Input   – 문자열을 키보드로부터 입력
C. Print   – 문자열을 모니터로 출력
D. Uppercase – 문자열을 대문자로 변환(Hey → HEY)
E. Reverse   – 문자열을 거꾸로 뒤집기(Hey → yeH)

마찬가지로 앞장에 나왔던 것과 같은 문제입니다. 이 문제를 `typedef` 키워드를 사용해서 다시 풀어봅니다.

◐ 출력결과

```
[메뉴] Quit Input Print Uppercase Reverse - Print
Hello
[메뉴] Quit Input Print Uppercase Reverse - Input
Black
[메뉴] Quit Input Print Uppercase Reverse - Print
Black
[메뉴] Quit Input Print Uppercase Reverse - Uppercase
[메뉴] Quit Input Print Uppercase Reverse - Print
BLACK
[메뉴] Quit Input Print Uppercase Reverse - Reverse
[메뉴] Quit Input Print Uppercase Reverse - Print
KCALB
[메뉴] Quit Input Print Uppercase Reverse - Quit
```

고급

Part 02

Chapter 01

구조체 멤버

▶ 이 장의 개요

이번 장부터 앞에서 배운 함수 포인터를 응용하는 코드를 봅니다. 첫 번째 주제는 함수 포인터를 구조체 멤버로 접근해서 활용하는 방법입니다. 문법적인 어려움을 떠나 현업에서 실제로 사용하는 코드의 기초가 되기 때문에 꼭 이해하고 넘어가야 합니다. 쉽게 보자면, 구조체의 멤버에 지나지 않습니다.

▶ 이 장의 목표

1. 구조체 멤버로 존재하는 함수 포인터 선언 및 호출과 관련된 문법 이해

2. 구조체 멤버로 존재하는 함수 포인터의 장점과 단점 이해

구조체 struct

여전히 C 언어를 범용적이고 모든 걸 다할 수 있다는 것처럼 말을 하는 분들이 있습니다. 저는 그 말에 찬성하지 않습니다. C 언어는 특수한 언어이고, 프로그램 영역에서도 특별한 분야에서만 사용합니다. 안정성을 가지면서 성능이 절실히 요구되는 곳! 여기서 말하는 안정성은 C 언어가 안전하다는 것이 아니라 안정성을 담보할 만큼 프로젝트의 규모가 작아야 한다는 뜻입니다.

C 언어를 C++처럼, 다시 말해 객체(Object)를 지향하는 프로그래밍 언어처럼 사용하고 자 하는 욕심을 부릴 때가 있습니다. 객체는 스스로 완전한 것을 뜻하고, 코드로 구현할 때는 데이터와 코드를 모두 내장한 구조체의 형태로 나타납니다. 자신이 사용할 행동을 내부의 함수, 즉 구조체 멤버 변수가 아닌 구조체 멤버 함수로 가질 수 있어야 합니다. 당연히 C 언어에서는 지원하지 않는 문법이지만 함수 포인터를 사용하면 비슷하게 흉내를 낼 수 있습니다.

먼저 함수 포인터 멤버를 사용하지 않은 코드입니다. "의자(chair)"라는 사물을 표현하는 CHAIR 구조체를 예로 듭니다.

body_2_1_1.c

```c
1   #include <stdio.h>
2   #pragma warning(disable:4996)
3
4   typedef struct _CHAIR
5   {
6       char model[32];
7       int price;
8       char size;            // Small, Medium, Big
9   }
10  CHAIR;
11
12  void InputChair(CHAIR* pChair);
13  void OutputChair(const CHAIR* pChair);
14
15  void main(void)
16  {
17      CHAIR chair;
18
19      InputChair(&chair);
20      OutputChair(&chair);
21  }
22
23  void InputChair(CHAIR* pChair)
24  {
25      printf("[입력]\n");
26
27      printf("모델 : ");
28      scanf("%s", pChair->model);
29
30      printf("가격 : ");
31      scanf("%d", &pChair->price);    fflush(stdin);
32
33      printf("크기 : ");
34      scanf("%c", &pChair->size);
35  }
36
37  void OutputChair(const CHAIR* pChair)
38  {
39      printf("[출력]\n");
```

```
40
41        printf("모델 : %s\n", pChair->model);
42        printf("가격 : %d\n", pChair->price);
43        printf("크기 : %c\n", pChair->size );
44    }
```

🔵 출력결과

[입력]

모델 : 듀오백

가격 : 120000

크기 : M

[출력]

모델 : 듀오백

가격 : 120000

크기 : M

🔵 코드설명

[4번째 줄]

구조체를 정의합니다. CHAIR(의자) 구조체는 사용하기 편하도록 typedef 키워드로 재정의되었습니다. C 언어에서는 구조체 자료형에 접근할 때, struct 키워드를 함께 사용해야 하므로 많이 불편합니다. 지금처럼 typedef 키워드를 사용해서 struct 키워드를 사용하지 않을 수 있습니다. 더불어 구조체 자료형 이름은 구분하기 쉽도록 대문자로 처리했습니다.

size 멤버는 입력받을 때 주의가 필요한데, 크기를 B(Big, 대), M(Medium, 중), S(Small, 소) 중의 한 문자로 입력받아야 합니다.

[15번째 줄]

main( )를 정의합니다. CHAIR 구조체 변수를 선언하고 입력을 받고 결과를 출력합니다.

[23번째 줄]

InputChair( )를 정의합니다. 매개 변수로 전달되는 구조체는 main( )에 선언된 chair 변수를 수정해야 하므로 포인터 매개 변수로 전달합니다. 31번째 줄의 fflush( )는 가격 입력에서 남겨진 개행('\n') 문자를 size 멤버가 가져오지 못하도록 키보드 버퍼를 비웁니다(삭제합니다).

[37번째 줄]

OutputChair( )를 정의합니다. CHAIR 구조체를 읽기만 하므로 포인터를 전달하기는 하지만 수정하지 않는다는 의미로 const 키워드를 붙였습니다.

CHAIR 구조체를 사용하는 다양한 함수들을 제작할 수도 있지만, 함수 포인터 멤버를 설명하는 것이 목적이라서 가장 간단한 형태로 코드를 구성했습니다.

 ## 구조체 멤버 struct Member

앞에서 만든 단순한 구조체 버전을 함수 포인터 멤버가 포함된 조금은 복잡한 형태로 변환해 봅니다. 전역 함수로 정의했던 InputChair()와 OutputChair()를 CHAIR 구조체에 포함된 멤버로 변환하는 작업을 수행합니다.

제대로 된 코드를 만들기 위해 CHAIR 구조체를 담당하는 별도의 파일을 만듭니다. 프로젝트는 구조체 정의가 들어있는 Chair.h, 입출력 함수가 들어있는 Chair.c, 입출력 함수를 호출하는 main.c의 3개 파일로 구성됩니다.

여기서 잠깐

소스 코드가 들어있는 파일을 가리킬 때 접두사는 생략합니다. 가령, body_2_1_2_ Chair.h라는 파일은 Chair.h라고 부를 것입니다. 굳이 접두사에 대해 언급할 필요가 없습니다.

📥 **body_2_1_2_Chair.h**

```
 1   typedef struct _CHAIR
 2   {
 3       char model[32];
 4       int  price;
 5       char size;                  // Small, Medium, Big
 6
 7       void (* Input)(struct _CHAIR*);
 8       void (* Output)(const struct _CHAIR*);
 9   }
10   CHAIR;
11
12   void InitChair(CHAIR* pChair);
```

● **출력결과**

없음

● **코드설명**

[1번째 줄]

CHAIR 구조체를 정의합니다. 기존 멤버 외에 함수 포인터 멤버가 추가되었습니다. 각각 입력과 출력을 담당하고 포인터 변수이므로 4 바이트씩, 8 바이트의 메모리가 추가되었습니다.

함수 포인터의 이름은 가장 일반적인 것으로 지었습니다. 구조체 이름에 Chair가 들어가 있으므로, Input이라는 이름만으로도 무엇을 입력받아야 하는지 알 수 있습니다. 입출력 함수가 외부에 존재할 때는 InputChair와 OutputChair처럼 무엇을 입력받는지 명시하는 것이 좋은 방법입니다.

[7번째 줄]

함수 포인터 멤버를 정의합니다. 12번째 줄을 보면 초기화 함수인 InitChair( )는 멤버로 넣지 않고 전역 함수로 그대로 두었습니다.

맞습니다. 이왕이면 InitChair( )까지 멤버로 처리하면 좋습니다. 그런데, 초기화 멤버를 어떻게 InitChair( )로 초기화시킬까요? InitChair( )를 전달하기 위해서는 InitChair( )를 호출해야 하는데 뭔가 이상하지 않습니까?

Init라는 이름의 초기화 함수 포인터 멤버가 있다고 합시다. Init 멤버를 초기화하는 곳은 InitChair( )입니다. 이 말은 InitChair( )를 호출해야 한다는 말인데, 아직 Init 멤버는 초기화되지 않았습니다. 결론을 말하면 Init 멤버는 InitChair( )에서 초기화할 수 없습니다. 그렇다면 InitChair( ) 바깥에서 초기화를 시켜야 한다는 말인데 초기화라는 말이 무색해지고 맙니다. 그래서 InitChair( )를 구조체 멤버로 넣어서는 안 됩니다.

헷갈릴 겁니다. 헷갈린다면, 이번 예제가 모두 끝난 다음에 Init( )를 멤버로 직접 넣고 확인해 보기 바랍니다. 놀라운 결과를 목격하게 될 것임을 장담합니다. 참고로 초기화 작업은 보통 Initialize라는 이름으로 시작하고, 줄여서 Init이라고 합니다. { }를 사용한 초기화는 일회성이라 불안하고, Init 계열의 함수를 사용하는 것이 일반적이고 좋은 방법입니다.

이 파일은 main.c 파일과 Chair.c 파일에 포함되도록 설계했습니다. 그런데 입출력 함수에 대한 선언이 빠져 있기 때문에 main.c 파일에서는 InputChair( )와 OutputChair( )를 호출할 수 없습니다. C 언어는 선언이 없을 경우, 아무리 전역 함수라고 해도 해당 함수를 사용할 수 없습니다.

함수 선언은 없지만 CHAIR 구조체는 함수 선언과 동등한 효력을 갖는 함수 포인터 자료형을 갖고 있습니다. 자료형만으로 ( ) 연산자가 붙었을 때 함수 호출이 유효한지 판단할 수 있으므로 굳이 함수 선언이 필요 없습니다. 더욱이 함수 포인터 멤버를 추가한 것은 이들을 이용해서 함수를 호출하자는 뜻이므로 함수 선언을 제공하지 않는 것이 오히려 취지에 맞는 셈입니다.

다음은 CHAIR 구조체를 사용하는 함수들의 정의가 들어있는 Chair.c 파일입니다.

⬇ body_2_1_2_chair.c

```c
1    #include <stdio.h>
2    #include <string.h>
3    #include "body_2_1_2_Chair.h"
4    #pragma warning(disable:4996)
5
6    void InputChair(CHAIR* pChair);
7    void OutputChair(const CHAIR* pChair);
8
9    void InitChair(CHAIR* pChair)
10   {
11       memset(pChair, 0, sizeof(CHAIR));
12
13       pChair->Input  = InputChair;
14       pChair->Output = OutputChair;
15   }
16
17   void InputChair(CHAIR* pChair)
18   {
19       printf("[입력]\n");
20
21       printf("모델 : ");
22       scanf("%s", pChair->model);
23
24       printf("가격 : ");
25       scanf("%d", &pChair->price);    fflush(stdin);
26
27       printf("크기 :");
28       scanf("%c", &pChair->size);
29   }
```

```
30
31   void OutputChair(const CHAIR* pChair)
32   {
33       printf("[출력]\n");
34
35       printf("모델 : %s\n", pChair->model);
36       printf("가격 : %d\n", pChair->price);
37       printf("크기 : %c\n", pChair->size );
38   }
```

○ 출력결과

없음

○ 코드설명

[2번째 줄]

string.h 파일은 CHAIR 구조체를 초기화하기 위해 사용한 memset( )의 선언 때문에 추가했습니다. Chair.h 파일은 앞에서 설명한 파일로 CHAIR 구조체 정의가 들어있는 헤더 파일입니다. 대부분의 파일은 지금처럼 h와 c 파일, 두 개로 구성됩니다. 각각의 기능을 실제로 담고 있는 구현 파일(.c)을 만들고, 이 기능을 사용할 수 있는 선언을 담고 있는 헤더 파일(.h)을 만드는 것이 보통입니다.

현업에서는 구현 파일은 실행 코드로 만들어서 배포하고, 헤더 파일만 텍스트 파일의 형태로 배포합니다. printf( )나 scanf( ) 또한 소스 코드는 실행 코드의 형태로 제공되고, stdio.h 파일에 선언이 들어있습니다. 지금 보여 주고 있는 방식과 같다고 말할 수 있습니다.

[6번째 줄]

Chair.h 파일에 빠져 있는 선언이 여기 있습니다. InputChair( )와 OutputChair( )는 이곳(Chair.c)에서만 사용하기 때문에 다른 파일(main.c)에서는 필요가 없습니다. main.c 파일에서는 구조체에 정의된 함수 포인터 멤버만을 사용해서 함수를 호출합니다. 유일하게 사용하는 전역 함수인 InitChair( )는 Chair.h 파일에 선언되어 있습니다.

Chair.c 파일에서만 전역 함수를 사용한다면 굳이 선언할 필요도 없을 것 같습니다. 선언을 하지 않아도 정의가 먼저 나오기만 하면 되기 때문에 교차 호출이 발생하지 않을 경우 실제로 없앨 수도 있습니다. 여기서는 굳이 교차 호출을 따지는 것도 귀찮고 해서 넣었습니다. InitChair( )에서 이들 전역 함수를 구조체 멤버에 치환하는 과정에서 사용합니다.

[9번째 줄]

InitChair( )를 정의합니다. CHAIR 구조체를 초기화합니다. 11번째 줄의 memset( )는 매개 변수로 전달받은 구조체 전체를 0으로 채웁니다. 이번 코드에서는 없어도 되지만, 올바른 코드를 보여 준다는 생각으로 넣었습니다.

13번째 줄에서 함수 포인터 멤버를 초기화합니다. CHAIR 구조체 입출력 함수인 InputChair( )와 OutputChair( )를 함수 포인터 멤버에 넣었습니다. 이들 멤버를 이용해서 연결된 함수를 호출할 수 있습니다. 참고로 InitChair( )는 입출력 작업을 시작하기 전에 반드시 호출되어야 합니다. InitChair( )를 호출하지 않을 경우, 쓰레기가 가리키는 주소를 코드로 생각하고 작업에 들어가므로 어떤 행동을 할지 알 수 없습니다.

[17번째 줄]

InputChair( )와 OutputChair( )는 수정한 곳이 없습니다. 이번 프로젝트는 전역 함수를 사용하는 코드를 구조체 멤버를 사용하는 인터페이스(interface)로 수정하는 것뿐이기 때문에 실제 작업을 담당하는 입출력 함수를 수정할 필요가 없습니다.

함수와 관련된 코드가 여기저기 나누어져 있어 이해하기 어려운 면이 없지 않지만, 왜 그래야 하는지 이해한다면 이 책을 보는 분 또한 이와 같이 작업하도록 노력해야 할 것입니다. 몇 번만 해 보면 어색하지 않다는 것을 보장합니다.

다음은 CHAIR 구조체를 실제로 사용하는 코드가 들어있는 `main.c` 파일입니다. 함수 포인터 멤버를 사용해서 `Chair.c` 파일에 정의된 전역 함수를 대신 호출합니다.

⬇ body_2_1_2_main.c

```
1   #include "body_2_1_2_Chair.h"
2
3   void main(void)
4   {
5       CHAIR chair;
6       InitChair(&chair);
7
8       chair.Input(&chair);
9       chair.Output(&chair);
10  }
```

◑ 출력결과

[입력]
모델 : 듀오백
가격 : 120000
크기 : M

[출력]
모델 : 듀오백
가격 : 120000
크기 : M

◑ 코드설명

[1번째 줄]
printf( )나 scanf( )가 없기 때문에 별달리 추가할 헤더 파일이 없습니다. CHAIR 구조체 정의를 갖고 있는 Chair.h 파일만 포함시킵니다.

[6번째 줄]
입출력 작업을 수행하기 전에 반드시 호출되어야 하는 초기화 함수입니다. InitChair( )에서 CHAIR 구조체 멤버인 Input과 Output 멤버와 실제 입출력 함수를 연결시킵니다.

[8번째 줄]
모든 걸 차치하고 chair 변수가 두 번 나오는 것이 신기하고 이상합니다. 이것이 C++와 같은 객체라면 chair 변수를 매개 변수로 전달하는 코드가 없을 것입니다. 점(.) 연산자 왼쪽에 구조체 변수가 등장했고 Input( )가 구조체 멤버이기 때문에 매개 변수로 구조체를 다시 전달하는 것은 합리적이지 못합니다. 그러나, C 언어에서는 자신이 누구인지 판단할 수 없으므로 어쩔 수 없이 chair 변수가 두 번 등장합니다.

Input과 Output은 CHAIR 구조체의 멤버이므로 chair 변수의 오른쪽에 점(.)을 붙여서 접근할 수 있고, 이제 함수 포인터 변수가 되었으므로 오른쪽 끝에 ( ) 연산자도 붙일 수 있습니다. 매개 변수로는 CHAIR 구조체 주소를 받는다고 구조체 정의에서 얘기했습니다.

함수 포인터가 구조체 멤버로 들어 갔다고 해서 달라지는 것은 없습니다. 여전히 ( ) 연산자를 사용해서 함수를 호출하고 결과를 얻어오면 됩니다. 당황하지 말고 앞에서부터 차례대로 연산자 우선순위에 맞게 풀어나가면 이보다 어려운 코드도 해석할 수 있고, 결국에는 구현할 수 있습니다.

파일이 여러 개라서 설명도 파일에 따라 나누었습니다. 세 개의 파일을 같은 프로젝트에 넣고 컴파일하면 결과를 볼 수 있습니다.

이번 장에서는 함수 포인터를 구조체 멤버로 사용하는 방법에 대해 간략하게 설명했습니다. 책의 뒷부분에 가면 현업에서 실제로 사용되는 코드를 볼 수 있습니다. 객체지향 환경에 적용된 코드를 보면 더 어렵겠지만, 이번 장을 이해했다면 무리없이 코드를 보아 나갈 수 있을 것입니다.

⟹ ## 연습 문제 ⠿

1. 좌표를 나타내는 POINT 구조체와 이를 이용해서 사각 영역을 나타내는 RECT 구조체가 있습니다. 이들 구조체에 함수 포인터 멤버를 추가하는 것이 문제입니다. 두 개의 구조체 모두에 함수 포인터 멤버를 추가해야 하고, 추가할 멤버는 입출력 기능만 있으면 됩니다. 본문에서처럼 Input과 Output 멤버만 만들면 성공입니다.

```
struct POINT
{
    int x, y;
};
struct RECT
{
    struct POINT pt1, pt2;
};
```

⟹ 출력결과

[영역 입력]
x : 11
y : 33
x : 22
y : 77
[영역 출력]
x : 11
y : 33
x : 22
y : 77

2. 자료구조에 있는 스택(Stack)은 마지막에 들어간 내용을 먼저 꺼내는(사용하는) 방법을 정의합니다. 줄여서 LIFO(Last In, First Out)라고 합니다. 스택에는 넣기(push)와 빼기(pop) 동작밖에 없습니다. 정수를 저장하는 스택을 구현해 봅니다. 다음은 메뉴입니다.

[0] 종료 [1] 넣기 [2] 빼기

스택은 구조체로 정의되어야 하고, 스택에 필요한 동작들은 모두 함수 포인터 멤버여야 합니다. 다음은 함수 포인터 멤버가 추가되기 전의 구조체 정의입니다.

```
struct STACK
{
    int stack[1024];
    int top;
};
```

🔵 **출력결과**

```
[0] 종료 [1] 넣기 [2] 빼기 - 2
[0] 종료 [1] 넣기 [2] 빼기 - 1
Push : 1
[0] 종료 [1] 넣기 [2] 빼기 - 1
Push : 3
[0] 종료 [1] 넣기 [2] 빼기 - 1
Push : 5
[0] 종료 [1] 넣기 [2] 빼기 - 2
Pop   : 5
[0] 종료 [1] 넣기 [2] 빼기 - 2
Pop   : 3
[0] 종료 [1] 넣기 [2] 빼기 - 2
Pop   : 1
[0] 종료 [1] 넣기 [2] 빼기 - 2
[0] 종료 [1] 넣기 [2] 빼기 - 0
```

Chapter 02

반환값

➡ 이 장의 개요

이번 장에서는 함수 포인터를 함수의 반환값으로 사용하는 방법에 대해 배웁니다. "반환값으로 사용할 필요가 있을까?"하는 의문이 있겠지만, 사람 일은 알 수 없는 겁니다. 더불어 typedef 키워드를 적용할 때의 놀라운 효과를 체험합니다. 눈이 복잡하면 머리도 복잡해진다는 사실을 느껴보는 시간을 가져봅니다.

➡ 이 장의 목표

1. 반환값에 사용되는 함수 포인터의 문법 이해 및 구현

2. 함수 포인터 반환값과 typedef 키워드의 놀라운 결합 효과 이해

3. 반환값으로 사용하는 함수 포인터를 포함하는 복잡한 표현식에 대한 올바른 이해

반환값 재정의 Return value & typedef

여전히 함수 포인터를 왜 사용하는지 의문이 들 수 있습니다. 보여준 예제들은 문법적으로 "된다, 가능하다!"라는 것을 증명했을 뿐, 현업에서 사용할 수 있을지에 대해서는 물음표를 찍을 수밖에 없습니다.

개인적인 생각으로는 함수 포인터를 사용하는 가장 훌륭한 예는 "코드 선택"입니다. 여러 개의 코드가 있을 때 "원하는 하나를 선택하는 기술!" 앞에서 switch문이나 함수 포인터 배열을 통해서 선택했다고 생각하는 분도 있겠지만, 절대 아닙니다. 함수 포인터를 변수로 선언하는 것이 가능하다면 함수의 매개 변수로 사용하는 것도 가능합니다. 함수 포인터를 매개 변수로 전달할 때 진정한 "코드 선택"의 기술이 발현된다고 믿습니다. 이러한 코드 선택은 주변에 널려 있어 쉽게 목격할 수 있기 때문에 함수 포인터를 활용하는 최고의 기술이라고 생각합니다.

함수 포인터를 반환값에 사용하는 것도 같은 맥락입니다. 객체지향 언어에서는 내부 구조를 알려고 할 때 문제가 발생한다고 믿습니다. 함수 포인터를 반환하는 함수가 있다면 왜 그런 함수를 어떤 방식으로 반환하는지 알 필요가 없어야 합니다. 믿고 사용할 때 좋

은 코드가 나오는 법입니다. 이런 기술은 C 언어보다는 C++에서, 정확히 말하면 디자인 패턴(Design Pattern)에서 등장하지만, 여기서는 매개 변수로 사용하기 위한 준비 운동 정도로 가볍게 생각하고 지나갔으면 합니다.

body_2_2_1.c

```
1    #include <stdio.h>
2    #pragma warning(disable:4996)
3
4    typedef void (* func_t)(void);
5
6    void Fantasy(void);
7    void Action(void);
8    void Horror(void);
9    func_t GetFuncPointer(int index);
10
11   void main(void)
12   {
13       int menu;
14       void (* func)(void) = NULL;
15
16       while(1)
17       {
18           printf("[0] 종료 [1] 판타지 [2] 액션 [3] 공포 - ");
19           scanf("%d", &menu);
20
21           if(menu == 0)
22               break;
23
24           func = GetFuncPointer(menu);
25           func();
26       }
27   }
28
29   void Fantasy(void)
30   {
31       printf("Fantasy() 호출\n");
32   }
33
```

```
34   void Action(void)
35   {
36       printf("Action() 호출\n");
37   }
38
39   void Horror(void)
40   {
41       printf("Horror() 호출\n");
42   }
43
44   func_t GetFuncPointer(int index)
45   {
46       void (* func)(void) = NULL;
47
48       switch(index)
49       {
50       case 1 : func = Fantasy; break;
51       case 2 : func = Action;  break;
52       case 3 : func = Horror;  break;
52       }
53
54       return func;
55   }
```

출력결과

[0] 종료 [1] 판타지 [2] 액션 [3] 공포 – 1
Fantasy( ) 호출
[0] 종료 [1] 판타지 [2] 액션 [3] 공포 – 2
Action( ) 호출
[0] 종료 [1] 판타지 [2] 액션 [3] 공포 – 3
Horror( ) 호출
[0] 종료 [1] 판타지 [2] 액션 [3] 공포 – 0

코드설명

[4번째 줄]
이번 코드에서 사용할 함수를 가리키는 포인터를 재정의합니다. func_t라는 이름을 두 번째로 사용하는데, 함수를 정확하게 표현할 자료형 이름이 없기 때문에 일반적인 이름을 쓸 수밖에 없습니

다. 그래서, 함수 포인터가 다양하게 등장하면 typedef 키워드를 사용하기 어렵다고 언급했었습니다.

[9번째 줄]

함수 포인터를 반환하는 GetFuncPointer( )를 선언합니다.

[14번째 줄]

GetFuncPointer( )가 반환할 함수 포인터를 저장할 변수를 선언합니다. 어떤 함수도 가리키지 않는다는 의미로 NULL 포인터로 초기화합니다.

[24번째 줄]

선택한 함수를 가리키는 함수의 주소를 가져옵니다. 25번째 줄에서 ( ) 연산자를 사용해서 선택 함수를 호출합니다. 이 코드는 편의상 14번째 줄의 변수 선언과 함께 길게 썼지만, 변수 선언 없이 다음처럼 한 줄로 처리하는 것도 좋습니다.

```
GetFuncPointer(menu)( );
```

반환값을 직접 사용할 수 있습니다. 반환값을 또 다른 함수의 매개 변수로 전달하거나 계산식에 참가시키는 것이 당연하다면 반환값을 이용해서 함수를 호출하는 것도 당연합니다. ( ) 연산자는 연산자라고 부르는 만큼, 반환값을 이용해서 함수 호출이라는 연산을 수행합니다.

[44번째 줄]

GetFuncPointer( )를 정의합니다. switch문을 사용해서 매개 변수가 가리키는 함수의 주소를 반환합니다. switch문에는 default 레이블(label)이 없기 때문에 1, 2, 3 이외의 값이 들어오면 NULL 포인터를 반환합니다. NULL 포인터에 대해 ( ) 연산자를 적용하면 어떤 결과가 나올지 모릅니다. while문에서 값에 대한 검사를 일부러 생략했기 때문에 메뉴 이외의 값을 입력해서 결과를 직접 확인할 수 있습니다.

다음은 함수 포인터 배열을 사용해서 다시 만든 GetFuncPointer( )입니다. 새로울 것은 없지만 복습 차원에서 실어봤습니다.

```
func_t GetFuncPointer(int index)
{
    void (* FuncArray[])(void) = {Fantasy, Action, Horror};
    return FuncArray[index-1];
}
```

벌써 책의 중간을 넘어가고 있는데, 예전에 봤던 어렵지 않은 코드가 나와서 놀랐을 겁니다. 함수 포인터를 반환값에 적용하는 것은 어렵지 않습니다. switch문이나 배열을 사용해서 반환하면 끝입니다.

그러나 이렇게 쉬울 수 있었던 이유가 typedef 키워드 때문이라는 것을 잊으면 안 됩니다. typedef 키워드를 사용하지 않을 때 발생하는 어려움을 이제 설명할 것입니다. 이번 장이 책의 중간에 나올 수밖에 없었던 이유이기도 합니다.

분해 Resolving

함수 포인터 배열에서 typedef 키워드에 대해 배웠습니다. 덕분에 복잡한 코드를 쉽게 처리할 수 있었습니다. 가까이 둘 수밖에 없다고 생각했을 겁니다. 그러나 이번에는 배열에서보다 더욱 감동할 것임을 장담합니다. 반환값을 처리하는 코드가 매개 변수를 처리하는 코드보다 먼저 나오긴 했지만, 문법적으로만 본다면 반환값에 사용한 함수 포인터가 더 어려울 수도 있습니다.

일단 typedef 키워드로 정의한 func_t 자료형이 없다고 가정한 상태의 코드를 봅시다.

```
void (* GetFuncPointer(int index))(void);
```

()가 3개 나왔는데 정신이 없어서 어디서부터 어떻게 해석해야 할지 모를 것입니다. 어떤 분은 정말 함수 선언이 아니라고 우길지도 모르겠습니다. 그러나 이 코드는 틀림없는 함수 선언입니다.

왜 이렇게 복잡하게 되었을까요? 첫 번째는 연산자 우선순위에 있습니다. 어떤 것을 먼저 해석하느냐에 따라 코드가 달라지기 때문에 의도에 맞게 해석하도록 하기 위해 ()를 집어넣어서 그렇습니다. 두 번째는 GetFuncPointer도 함수인데 함수를 반환하기 때문에 이 부분만으로도 ()가 두 개 나옵니다. ()는 가독성에 도움이 되기도 하지만 꼭 그런 것만은 아니란 걸 알 수 있습니다.

```
void (* func)(void);
```

너무 복잡하니 돌아가도록 하겠습니다. 이 코드는 가장 단순한 포인터 변수를 선언하는 코드입니다. 변수 선언은 이름과 자료형으로 구성되므로 func이라는 이름을 빼면 자료형만 남습니다. 다시 말하자면, 함수 포인터를 반환한다는 말은 func이라는 이름을 뺀 void (*)(void)을 반환한다는 말과 같습니다. (*) 연산자를 감싸는 ()를 제거하면 void*를 반환하는 식으로 해석하기 때문에 오류가 발생합니다. 우리가 원하는 것은 "포인터"이므로 가장 먼저 해석되어야 합니다.

```
void (* GetFuncPointer(int index))(void);
```

이제 위에 나온 전체 선언을 () 연산자의 순서에 맞게 해석해 봅시다.

1. ()부터 차례대로 해석합니다. 첫 번째 ()의 범위는 (* GetFuncPointer(int index))입니다.

   A. (* GetFuncPointer(int index))에서는 GetFuncPointer라는 이름이 먼저 해석됩니다. 연산자가 존재하는 이유는 변수나 함수 이름에 대해 연산을 하기 위함입니다.

   B. 이름 다음으로 *와 ()가 있는데, 우선순위에 따라 ()를 먼저 해석하므로 GetFuncPointer라는 이름은 함수가 됩니다.

   C. 함수라면 반환값과 매개 변수가 있으므로 이들을 찾아냅니다.

      i. 매개 변수는 () 안에 표현하므로 int 자료형 한 개가 매개 변수가 됩니다.

      ii. 반환값은 이름의 왼쪽에 쓰게 되어 있고, 마침 왼쪽에는 포인터(*) 연산자가 있습니다. 무엇을 가리키는지는 모르지만, 어떤 것을 가리키는 포인터를 반환합니다.

   D. 첫 번째 ()에 대한 해석이 끝났지만 부분적으로 완전하지 않은 요소가 있습니다. 반환값인 포인터는 일단 남겨두겠습니다.

2. 두 번째 ()는 GetFuncPointer 함수의 매개 변수를 전달하는 용도로 해석되었기 때문에 다시 해석해서는 안 됩니다.

3. 마지막으로 세 번째 ()를 해석할 차례인데, 남겨진 요소를 보면 void (void)밖에 없습니다. 이런 표현은 계속해서 봐왔기 때문에 어렵지 않을 것입니다.

   A. 함수의 자료형을 표현하는 코드입니다.

   B. 반환값과 매개 변수가 없는 함수를 나타냅니다.

   C. 주로 봤던 표현은 void (*)(void)인데, 포인터(*) 연산자는 1번에서 나왔습니다.

4. 모든 해석이 끝났으므로 정리되지 않은 부분에 대해 해결책을 찾습니다.

    A. 1번에서 포인터를 반환한다고만 했습니다.

    B. 3번에서 마지막에 남은 요소가 함수의 자료형이라고 했습니다.

    C. 두 가지를 결합하면 답을 얻을 수 있습니다.

    D. 1번을 먼저 해석했으므로 함수를 가리키는 포인터, 즉 함수 포인터를 반환한다고 말할 수 있습니다.

5. 최종적으로 정리를 해보면, "GetFuncPointer라는 이름은 int 매개 변수를 전달하고, 반환값으로 반환값과 매개 변수가 없는 함수 포인터를 반환하는 함수"라고 해석할 수 있습니다.

함수 포인터를 반환할 때, 초보자뿐만 아니라 대부분의 프로그래머가 실패를 합니다. 너무 낯설기 때문인데, 보통 다음과 같이 선언합니다.

```
void (*)(void) GetFuncPointer( int index );
```

함수 포인터의 자료형을 노골적으로 함수 왼쪽에 넣었습니다. 이것은 우선순위에 따라 첫 번째 ( ) 연산자를 해석하는 과정에서 * 연산자만 있고 이름은 없기 때문에 에러입니다. 뒤에 나오는 GetFuncPointer까지 가지도 못합니다. 이와 같은 형태로 선언을 하려면, 앞에서 본 것처럼 typedef 키워드를 사용해서 자료형을 재정의하면 됩니다. 어쨌든 반환값이기 때문에 함수 이름의 왼쪽에 놓는 것이 맞습니다.

typedef 키워드를 사용했을 뿐인데 비교할 수 없을 정도로 단순해졌다는 것을 인정할 수밖에 없습니다. 더불어 우선순위란 것이 얼마나 중요한지 다시 한번 느낄 수 있었을 것입니다. 있는 그대로 해석한다는 것이 얼마나 어려운지도 느꼈을 것입니다.

이제는 동의하시겠지요? 이번 장이 책의 중간에 나오는 것에 대해. 비록 제가 쓰긴 했지만 괜히 즐거워지는 코드였습니다. 여러분도 즐겁게 보았으면 합니다.

연습 문제

1. 산술 연산 함수를 다시 한번 재활용합니다. 선택 메뉴에 따라 `typedef` 키워드를 사용하지 않고 산술 연산 함수를 반환하는 함수를 구현해 봅니다. `typedef` 키워드를 사용하면 너무 기본적인 코드가 되기 때문에 복습을 위해 `typedef` 키워드는 사용하지 않도록 합니다.

[0] 종료 [1] 덧셈 [2] 뺄셈 [3] 곱셈 [4] 나눗셈 [5] 나머지

◉ 출력결과

```
[0] 종료 [1] 덧셈 [2] 뺄셈 [3] 곱셈 [4] 나눗셈 [5] 나머지 - 1
정수 : 7
정수 : 3
결과 : 10
[0] 종료 [1] 넛셈 [2] 뺄셈 [3] 곱셈 [4] 나눗셈 [5] 나머지 - 2
정수 : 7
정수 : 3
결과 : 4
[0] 종료 [1] 덧셈 [2] 뺄셈 [3] 곱셈 [4] 나눗셈 [5] 나머지 - 3
정수 : 7
정수 : 3
결과 : 21
[0] 종료 [1] 덧셈 [2] 뺄셈 [3] 곱셈 [4] 나눗셈 [5] 나머지 - 4
정수 : 7
정수 : 3
결과 : 2
[0] 종료 [1] 덧셈 [2] 뺄셈 [3] 곱셈 [4] 나눗셈 [5] 나머지 - 5
정수 : 7
정수 : 3
결과 : 1
[0] 종료 [1] 덧셈 [2] 뺄셈 [3] 곱셈 [4] 나눗셈 [5] 나머지 - 0
```

2. 8개의 스위치를 표현하는 unsigned char 자료형 변수가 있습니다. 이 변수에 대해 특정 스위치(비트, bit)를 켜고, 끄고, 반전시키는 함수를 만들고, 이들 함수를 반환하는 함수를 typedef 키워드 없이 구현합니다. 각 스위치에 대한 동작이 올바른지 판단하기 위한 비트 출력 함수도 추가적으로 구현합니다. 참고로 켠다는 것은 비트를 1로 설정한다는 뜻이고, 끈다는 것은 0으로 설정한다는 뜻입니다.

[0] 종료 [1] 출력 [2] 켜기 [3] 끄기 [4] 반전

현재 값을 2진수로 10110101이라고 가정하면,

A. 출력 – 모니터에 10110101이라고 출력

B. 켜기 – 3번째 비트를 켠다면 10111101로 수정

C. *끄기* – 2번째 비트를 끈다면 10110001로 수정

D. 반전 – 4번째 비트를 반전시킨다면 10100101로 수정

순서는 오른쪽에서 왼쪽으로 진행하고, 가장 오른쪽 비트는 0번입니다. 따라서 가장 왼쪽에 있는 비트의 번호는 7이 됩니다. 켜기와 끄기, 반전 메뉴는 몇 번째 비트에 대해 동작시킬 것인지 알려주는 번호를 추가로 입력받아야 합니다.

◑ 출력결과

```
[0] 종료 [1] 출력 [2] 켜기 [3] 끄기 [4] 반전 - 1
결과 : 00111100
[0] 종료 [1] 출력 [2] 켜기 [3] 끄기 [4] 반전 - 2
위치 : 7
결과 : 10111100
[0] 종료 [1] 출력 [2] 켜기 [3] 끄기 [4] 반전 - 2
위치 : 6
결과 : 11111100
[0] 종료 [1] 출력 [2] 켜기 [3] 끄기 [4] 반전 - 3
위치 : 7
결과 : 01111100
[0] 종료 [1] 출력 [2] 켜기 [3] 끄기 [4] 반전 - 3
위치 : 6
결과 : 00111100
```

[0] 종료 [1] 출력 [2] 켜기 [3] 끄기 [4] 반전 - 4
위치 : 7
결과 : 10111100
[0] 종료 [1] 출력 [2] 켜기 [3] 끄기 [4] 반전 - 4
위치 : 7
결과 : 00111100
[0] 종료 [1] 출력 [2] 켜기 [3] 끄기 [4] 반전 - 0

Chapter 03 매개 변수 기초

▶ 이 장의 개요

이번 장에서는 함수 포인터를 매개 변수로 전달하는 방법에 대해서 배웁니다. 이 책에서 가장 중요한 것을 꼽으라면 단연코 매개 변수 전달인 만큼 시간이 걸릴지 모르지만 반드시 이해하고 넘어가기를 바랍니다. 반환값 처리에서 이미 비슷한 코드를 봤기 때문에 매개 변수 전달은 오히려 어렵지 않을 수 있습니다. 다시 한번 당부하는데, 꼭 이해하고 넘어가길 바랍니다.

▶ 이 장의 목표

1. 함수 포인터를 매개 변수로 전달하는 코드 이해 및 구현

2. 함수 포인터를 매개 변수로 전달할 때의 장점과 단점 파악

3. 매개 변수로 전달되는 함수 포인터를 포함하는 복잡한 표현식에 대한 올바른 이해

전달 Delivery

모든 상수와 변수는 매개 변수로 전달할 수 있습니다. 자료형만 같다면 성공적으로 전달되고, 전달된 값을 정확하게 매개 변수로 받아서 사용할 수 있습니다. 함수 포인터 역시 변수 또는 상수일 뿐이므로 이러한 범주에서 벗어나지 않습니다.

간단한 예제를 통해 매개 변수로 전달된 함수를 호출해 봅시다.

📥 body_2_3_1.c

```
1    #include <stdio.h>
2    #pragma warning(disable:4996)
3
4    void Hello(void);
5    void ProxyHello(void (* func)(void));
6
7    void main(void)
```

```
 8   {
 9       int i;
10       for(i = 0; i < 5; i++)
11           ProxyHello(Hello);
12   }
13
14   void Hello(void)
15   {
16       printf("Hello() 호출\n");
17   }
18
19   void ProxyHello(void (* func)(void))
20   {
21       func();
22   }
```

출력결과

Hello( ) 호출
Hello( ) 호출
Hello( ) 호출
Hello( ) 호출
Hello( ) 호출

코드설명

[5번째 줄]
함수 포인터를 매개 변수로 받는 함수를 선언합니다. typedef 키워드를 사용하지 않아서 코드 해석이 어렵다는 단점이 있습니다.

```
typedef void (* func_t)(void);
void ProxyHello(func_t func);
```

다시 한번 typedef 키워드의 강력함을 느낄 수 있습니다. ProxyHello( )의 선언이 간결해졌습니다.

[10번째 줄]
ProxyHello( )를 반복해서 호출합니다. 매개 변수로 전달된 Hello( )의 주소는 ProxyHello( ) 내부에서 대신 호출됩니다.

[19번째 줄]

함수 포인터를 매개 변수로 받는 ProxyHello( )를 정의합니다. 함수 내부에서 하는 일은 매개 변수로 전달받은 함수 포인터를 ( ) 연산자를 사용해서 전달된 함수를 호출하는 것뿐입니다.

어떻습니까, 하나도 어렵지 않지 않습니까? 반환값에서 충분히 고생하고 넘어왔다면 그다지 어려울 것 없는 코드라고 생각합니다. 반환값과 달리 매개 변수는 `typedef` 키워드를 사용하지 않아도 자료형이 한군데 모여 있어 해석할 만합니다.

장점 Good Points

매개 변수 전달이 반환값에 비해 복잡하지 않다고 하지만 다른 선언들에 비하면 많이 복잡합니다. 그런데 왜 함수 포인터를 매개 변수로 전달하는 것일까요?

분명한 것은 반대 급부, 즉 장점이 없다면 사용하지 않았을 것이라는 겁니다. 어렵다고 생각하기 이전에 "장점이 있어서 사용한다"라고 긍정적으로 생각하는 것이 중요합니다.

다음은 함수 포인터를 매개 변수로 사용할 때의 장점입니다. 결국은 매개 변수로 전달되는 코드를 여러 각도로 설명하는 것이기 때문에 개중에는 차이가 없어 보이는 항목도 있을 수 있습니다. 관점의 차이가 발생할 수 있다는 것을 명심하고 봐주었으면 합니다.

1. 코드를 선택할 때

여러 가지 코드 중에서 필요한 코드만 선별적으로 전달합니다. 같은 자료형으로 만들어진 함수 중에서 하나를 선택한다는 뜻은 많은 경우 비슷한 코드라는 뜻으로 해석될 수 있습니다. 비슷하기 때문에 함수 포인터를 사용해서 함수 호출을 일원화할 수 있습니다.

2. 호출할 때를 몰라서

직접 만든 함수라고 직접 호출할 수 있는 것은 아닙니다. 하드웨어와 관련된 작업 중에는 작업이 종료되기를 기다렸다 해당 함수를 호출하는 것보다 작업이 끝난 다음에 호출해 줄 것을 부탁하는 것이 좋습니다. 그래야 작업을 진행하는 도중에 다른 작업을 할 수 있고, 시간과 성능을 낭비하지 않을 수 있습니다. 작업 종료를 예로 든 것처럼, 언제 호출해야 할지를 결정할 수 없을 때 함수 포인터를 하드웨어 관리 코드(커널, kernel)에 전달해서 호출을 위임하게 됩니다.

3. 직접 호출할 수 없을 때

호출할 때를 모르는 상황과 비슷할 수 있습니다. 운영체제나 하드웨어와 같은 시스템 내부의 도움이 절실할 때 직접 호출하는 것보다 사용할 코드를 넘겨주는 경우가 많습니다. WDM(Window Driver Model)에서 사용하는 드라이버 코드는 호출되는 순서가 정해져 있기 때문에 직접 호출하기보다 순서에 맞게 코드를 끼워 넣는 것이 편합니다.

4. 코드를 조립할 때

간단한 함수를 순서에 따라 조립을 하면 새로운 것처럼 보이는 코드가 나올 수 있습니다. 레고(LEGO)의 블록들은 굉장히 단순하지만 블록을 조립해서 나온 결과에는 성도 있고, 비행기도 있고, 어쨌든 상상을 초월하는 것들이 수두룩합니다. 코드(함수, 블록)를 매개 변수로 전달할 때, 레고를 조립하면서 느꼈던 즐거움을 느낄 수 있습니다. 코드 조립의 최선봉, 함수 포인터입니다.

5. 중복된 코드 제거

코드를 선택한다는 설명과 비슷할 수 있는데, 결국 중복된 코드를 함께 사용하면서 아주 약간 다른 코드에 대해서만 함수로 제작한다는 뜻입니다. 전체 코드가 비슷한데 일부분만 다른 경우는 주로 반복문에서 나타납니다. 배열을 다루는 대부분의 코드는 처음부터 마지막 요소까지 반복합니다. 반복하는 코드는 모두 같고 반복문 안의 일부 코드가 다를 때 함수 포인터를 사용해서 중복되는 반복문 코드를 재활용할 수 있다는 뜻입니다. 진짜 흔하게 볼 수 있는 경우입니다.

그렇다면 단점은 없는 것일까요? 앞서 얘기했던 것처럼 복잡한 코드를 양산하는 문제가 있습니다. 그러나 복잡함이라는 별거 아닌 단점에 비해 장점이 너무 많기 때문에 함수 포인터를 애용할 수밖에 없겠습니다.

추가 데이터 Extra Parameter

매개 변수가 없는 함수라면 함수 포인터만 전달해도 되지만, 매개 변수가 있는 함수를 전달할 때는 전달된 함수가 사용할 데이터까지 함께 전달해야 합니다. 부수적인 매개 변수가 발생할 수밖에 없다는 사실을 이해하는 것만으로도 함수 포인터에 대해 이해가 깊어졌다고 말할 수 있습니다. 현업에서 매우 자주 등장하는 코드입니다. 어쩌면 매일매일 나올 만큼 중요한 코드일 수도 있겠습니다.

앞의 코드를 확장해서 매개 변수를 갖는 함수 포인터를 전달하는 함수를 만들어 봅니다.

📥 **body_2_3_2.c**

```
1   #include <stdio.h>
2   #include <stdlib.h>
3   #pragma warning(disable:4996)
4
5   typedef void (* func_t)(int*, int);
6
7   void FillRandom(int* array, int size);
8   void DoubleUp(int* array, int size);
9   void Print(int* array, int size);
10
11  void ProxyFunction(func_t func, int* array, int size);
12
13  void main(void)
14  {
15      int array[10];
16      int menu;
17
18      while(1)
19      {
20          printf("[0] 종료 [1] 생성 [2] 두배 [3] 출력 - ");
21          scanf("%d", &menu);
22
23          if(menu == 0)
24              break;
25
```

```
26              switch(menu)
27              {
28              case 1 : ProxyFunction(FillRandom, array,10); break;
29              case 2 : ProxyFunction(DoubleUp, array,10);   break;
30              case 3 : ProxyFunction(Print, array, 10);     break;
31              }
32          }
33  }
34
35  void FillRandom(int* array, int size)
36  {
37      int i;
38      for(i = 0; i < size; i++)
39          array[i] = rand() % 100;
40  }
41
42  void DoubleUp(int* array, int size)
43  {
44      int i;
45      for(i = 0; i < size; i++)
46          array[i] *= 2;
47  }
48
49  void Print(int* array, int size)
50  {
51      int i;
52      for(i = 0; i < size; i++)
53          printf("%3d", array[i]);
54
55      printf("\n");
56  }
57
58  void ProxyFunction(func_t func, int* array, int  size)
59  {
60      func(array, size);
61  }
```

○ 출력결과

```
[0] 종료 [1] 생성 [2] 두배 [3] 출력 - 1
[0] 종료 [1] 생성 [2] 두배 [3] 출력 - 3
 41  67  34   0  69  24  78  58  62  64
[0] 종료 [1] 생성 [2] 두배 [3] 출력 - 2
[0] 종료 [1] 생성 [2] 두배 [3] 출력 - 3
 82 134  68   0 138  48 156 116 124 128
[0] 종료 [1] 생성 [2] 두배 [3] 출력 - 0
```

○ 코드설명

[5번째 줄]

코드를 간결히 하기 위한 함수 포인터 자료형을 정의합니다. 혹시나 싶어 짚고 넘어가는데, 함수 선언에 들어가는 매개 변수의 이름은 없어도 됩니다. 매개 변수로 전달되는 함수 포인터는 매개 변수를 직접 사용하는 것이 아니기 때문에 일반적으로 이름을 생략합니다.

```
typedef void (* func_t)(int* array, int size);
```

이와 같이 이름을 넣어도 되지만, 컴파일러에게는 아무런 의미가 없다는 뜻입니다. 매개 변수의 이름은 함수 정의에서 메모리를 할당하고 접근하기 위한 용도로 사용될 뿐 다른 곳에서는 굳이 필요 없습니다.

[11번째 줄]

int*와 int를 매개 변수로 갖는 함수 포인터를 매개 변수로 받는 함수를 선언합니다. 전달되는 함수에서 사용하는 두 개의 데이터까지 함께 전달됩니다. 7, 8, 9번째 줄에 같은 자료형으로 선언된 세 개의 함수가 나옵니다.

[26번째 줄]

선택 메뉴에 따라 ProxyFunction( )의 매개 변수로 선택 함수를 전달합니다. 두 번째와 세 번째 매개 변수는 모든 함수가 똑같습니다. 전달된 함수를 사용하기 위한 전제 조건이라면 해당 함수가 사용할 데이터가 있어야 한다는 점입니다. 매개 변수가 있는 함수는 함수 포인터만으로 올바른 동작을 수행하게 만들 수 없습니다.

반드시 지금처럼 사용할 데이터를 함께 전달해야 합니다. 몇 개의 데이터를 사용하는지는 중요하지 않고 필요한 개수만큼 무조건 전달해야 합니다. 현업에서는 너무 많을 경우, 매개 변수로 사용하기 위한 구조체를 별도로 정의하기도 합니다. 대표적인 경우가 스레드(thread)입니다.

[35번째 줄]

FillRandom( )는 rand( )를 사용해서 0부터 99까지의 정수로 배열을 채웁니다.

> **[42번째 줄]**
>
> DoubleUp( )는 배열에 들어있는 값을 두 배로 설정합니다.
>
> **[49번째 줄]**
>
> Print( )는 배열을 모니터에 출력합니다.
>
> **[58번째 줄]**
>
> 함수 포인터를 매개 변수로 받는 ProxyFunction( )를 정의합니다. 이 함수의 매개 변수가 세 개라
> 는 사실이 중요합니다. 두 번째와 세 번째 매개 변수는 첫 번째로 전달된 함수 포인터를 사용하기
> 위한 부수적인 변수들입니다. 이들 부수적인 데이터가 없다면 func 변수를 사용할 수 없습니다.

좋은 예제라고 할 수는 없습니다. 현업에서 사용하는 구조를 표현한다는 관점에서는 좋
을 수도 있겠지만 말입니다. 다시 한번 당부하는데, 전달된 함수가 사용할 데이터까지
함께 전달해야 한다는 사실을 명심, 또 명심하기 바랍니다.

매개 변수 재정의 Parameter & typedef

이전 코드에서 가독성을 확보하기 위해 `typedef` 키워드를 사용했지만, 누차 말했듯이
현업에서는 사용할 수 없는 환경이 꽤나 있습니다. 나중을 위해 `typedef` 키워드 없이
`ProxyFunction()`를 선언하고 해석해 봅니다.

```
void ProxyFunction(func_t func, int* array, int size);
```

이전 코드에서 사용했던 코드로, `func_t` 자료형이 있어 함수 포인터라는 느낌이 없습
니다.

```
void ProxyFunction(void (* func)(int*, int), int* array, int size);
```

`func_t` 자료형 대신 정직하게 함수 자료형을 넣었습니다. 반환값을 설명할 때 그랬던
것처럼 차례대로 선언을 해석해 봅시다.

　1. ( )를 먼저 해석하지 않습니다. 왼쪽부터 해석해나가는 과정에서 `ProxyFunction`

이라는 이름이 등장했으므로 나머지 모든 요소는 이름을 해석하기 위해 존재하게 됩니다.

2. 이름 오른쪽에 ( )가 있으므로 ProxyFunction은 함수 선언이 됩니다.

   A. 반환값은 void이므로 없습니다.

   B. 매개 변수는 ( ) 안에 포함된 전체를 가리키므로 오른쪽 전부가 매개 변수입니다.

   C. 매개 변수는 쉼표(,)로 구분되고, 세 개의 매개 변수가 있습니다. 첫 번째 쉼표는 또 다른 ( ) 안에 있으므로 ProxyFunction( )의 매개 변수가 아닙니다.

   D. 매개 변수는 늘 그랬던 것처럼 왼쪽부터 해석합니다.

3. 매개 변수에 포함된 첫 번째 ( )를 해석합니다. *와 func의 두 가지 요소가 있습니다.

   A. 당연히 이름 먼저 해석하므로 func을 먼저 해석합니다.

   B. 두 번째로 포인터(*) 연산자를 해석해서 연결하게 되면 func이라는 이름은 포인터가 됩니다.

   C. 첫 번째 ( )에 대한 해석은 끝났지만 func이 어떤 포인터인지는 완료되지 않았습니다.

4. 첫 번째 ( )에 이어 첫 번째 매개 변수를 해석합니다.

   A. (* func)의 왼쪽에는 void, 오른쪽에는 (int*, int)이 있습니다.

   B. ( )를 먼저 해석하므로 함수가 됩니다.

   C. 왼쪽에 있는 void는 반환값이 되고, 매개 변수는 int*와 int, 두 개가 있습니다.

   D. 익숙한 표현으로 바꿔보면 void (*)(int*, int)가 됩니다. 중간에 들어가는 포인터(*)는 3번에서 이미 처리했기 때문에 빠져 있습니다.

5. 첫 번째 매개 변수의 해석이 끝났지만 아직 처리해야 할 부분이 남았습니다.

   A. 3번에서 완료되지 않은 포인터가 있었고, 4번에서는 함수 자료형이 있었습니다. 함수 자료형을 어떻게 쓸지는 결정하지 않았었습니다.

   B. 두 가지를 결합합니다. 3번을 먼저 해석했으므로 "포인터이고 무언가를 가리킨다"가 됩니다. "무언가"가 함수가 되고, 결합하면 "함수를 가리키는 포인터"로 해석됩니다.

   C. 첫 번째 매개 변수를 정리하면, "int*와 int를 매개 변수로 받고 반환값이 없는 함수 포인터"가 됩니다.

6. 두 번째와 세 번째 매개 변수는 아무런 어려움이 없는 int*와 int 자료형입니다.

7. 지금까지의 설명을 정리하면, "ProxyFunction은 함수 포인터와 int*, int를 매개 변수로 받고 반환값이 없는 함수"라고 해석됩니다.

반환값에 사용한 함수 포인터를 설명할 때보다 오히려 길어진 것 같습니다. 매개 변수가 있는 함수를 사용했기 때문에 어쩔 수 없이 추가적인 설명이 필요할 수밖에 없습니다.

매개 변수로 사용된 함수 포인터는 틀림없이 어려운 주제이지만 현업에서 가장 많이 사용하는 형태입니다. 차라리 지금까지 했던 것을 모두 잊고 지금 한 것만 기억해도 괜찮을 정도로 많이 사용합니다. 부디 이번 장을 무사히 소화해서 다음 장도 즐겁게 공부했으면 좋겠습니다.

연습 문제

1. 첫 번째 매개 변수가 클 경우 TRUE를 반환하는 IsBigger()입니다. 이 코드를 이용해서 배열 요소를 검색하는 코드를 구현하세요.

```
int IsBigger( int n1, int n2 )
{
    return n1 > n2;
}
```

적당한 크기의 배열을 만들어 난수로 값을 채운 상태에서 검색할 값을 입력받아 검색을 시도합니다. 찾고자 하는 값이 배열에 들어있다면 몇 번째 요소인지 위치를 출력하고, 들어있지 않다면 "없음"이라고 출력하면 됩니다.

검색 함수는 반드시 매개 변수로 IsBigger()를 전달받아야 합니다. 문제 해결에 필요한 나머지 함수들에 대해서는 어떠한 조건도 없고 결과만 나오면 됩니다.

아래 보여준 출력결과는 20개의 난수로 배열을 초기화하고, 음수를 입력할 때까지 검색을 반복하는 모습입니다. 직접 구현하는 코드에서는 굳이 음수로 종료할 필요는 없겠습니다.

◯ 출력결과

```
41  67  34   0  69  24  78  58  62  64
 5  45  81  27  61  91  95  42  27  36
종료  음수입력

검색 : 27
결과 : 13번째[27]
검색 : 78
결과 : 6번째[78]
검색 : 99
결과 : 없음
검색 : -1
```

2. 8개의 스위치를 표현하는 unsigned char 자료형 변수가 있습니다. 이 변수에 대해 특정 스위치(비트, bit)를 켜고, 끄고, 반전시키는 함수를 만들고, 이들 함수를 반환하는 함수를 typedef 키워드 없이 구현합니다. 각 스위치에 대한 동작이 올바른지 판단하기 위한 비트 출력 함수도 추가적으로 구현합니다. 참고로 켠다는 것은 비트를 1로 설정한다는 뜻이고, 끈다는 것은 0으로 설정한다는 뜻입니다.

[0] 종료 [1] 출력 [2] 켜기 [3] 끄기 [4] 뒤집기

이전 장의 연습 문제로 나왔던 문제입니다. 앞의 설명처럼 반환값을 사용해서 풀 수도 있지만, 매개 변수를 배웠으므로, 배운 것에 맞게 매개 변수를 사용해서 풀어보도록 합니다.

> **○ 출력결과**
>
> [0] 종료 [1] 출력 [2] 켜기 [3] 끄기 [4] 반전 - 1
> 결과 : 00111100
> [0] 종료 [1] 출력 [2] 켜기 [3] 끄기 [4] 반전 - 2
> 위치 : 7
> 결과 : 10111100
> [0] 종료 [1] 출력 [2] 켜기 [3] 끄기 [4] 반전 - 2
> 위치 : 6
> 결과 : 11111100
> [0] 종료 [1] 출력 [2] 켜기 [3] 끄기 [4] 반전 - 3
> 위치 : 7
> 결과 : 01111100
> [0] 종료 [1] 출력 [2] 켜기 [3] 끄기 [4] 반전 - 3
> 위치 : 6
> 결과 : 00111100
> [0] 종료 [1] 출력 [2] 켜기 [3] 끄기 [4] 반전 - 4
> 위치 : 7
> 결과 : 10111100
> [0] 종료 [1] 출력 [2] 켜기 [3] 끄기 [4] 반전 - 4
> 위치 : 7
> 결과 : 00111100
> [0] 종료 [1] 출력 [2] 켜기 [3] 끄기 [4] 반전 - 0

Chapter 04 매개 변수 고급

▶ 이 장의 개요

이번 장에서는 함수 포인터를 매개 변수로 전달하는 제대로 된 방법에 대해 공부합니다. "이전 방법이 틀렸다"라는 것은 아니고, 현업에서 사용하는 수준의 코드를 보게 될 거란 뜻입니다. 이전에 비해 복잡해지는 것은 많지 않지만, 어디에 어떻게 적용하는지에 대해 다루므로 코드 자체는 부담되지 않을 것 같습니다. 지금까지 나왔던 내용에 대한 복습이라고 생각해도 좋습니다.

▶ 이 장의 목표

1. 함수 포인터를 매개 변수로 사용하는 다양한 상황 파악

2. 비슷한 함수로부터 중복된 코드를 제거하는 기술 이해 및 습득

3. 함수 포인터를 사용해서 코드를 선택하는 기술 이해 및 습득

중복 제거 Remove Repetition

함수 포인터 장점 중의 하나로 "중복된 코드 제거"가 있었습니다. 배열을 다루는 대부분의 코드는 배열의 처음부터 마지막까지 특정한 작업을 반복해서 요소에 적용합니다. 배열 전체를 대상으로 작업한다는 말인데, 각각의 요소에 입력을 받든가 각각의 요소를 출력하든가 합니다.

앞장에 나왔던 예제에서도 배열을 매개 변수로 사용하는 함수를 대상으로 작업했기 때문에 얼마든지 중복된 코드를 제거할 수 있습니다. 각각의 함수에서 개별적으로 반복해도 되지만, 호출을 위임받은 함수(proxyfunction)에서 반복하는 것도 방법입니다. 후자를 사용할 경우, 위임받은 함수에만 반복 코드가 나오기 때문에 중복되는 반복 코드를 제거할 수 있습니다.

다음은 중복된 코드를 제거하는 코드입니다. 중복 코드를 ProxyFunction()에 위임했기 때문에 임의의 값으로 설정하고, 원본을 두 배로 증가시키고, 모니터에 출력하는 세 가지 함수가 얼마나 간단해졌는지 확인하는 것이 이번 예제의 목적입니다. 반복문은

ProxyFunction()에만 한 번 나옵니다. 주목해서 보기 바랍니다.

함수 포인터에 대해 `typedef` 키워드를 사용하지 않아 조금 복잡해 보일 것입니다. 책의 후반부로 넘어가는 시점에서 `typedef` 키워드에 의존하기가 부끄럽다는 생각이 들 때도 되었습니다.

📥 **body_2_4_1.c**

```c
1   #include <stdio.h>
2   #include <stdlib.h>
3   #pragma warning(disable:4996)
4
5   void Change(int* pn);
6   void ToDouble(int* pn);
7   void PrintElement(int* pn);
8
9   void ProxyFunction(void (* func)(int*), int* array, int size);
10
11  void main(void)
12  {
13      void (* FuncArray[3])(int*) = {Change,
                                     ToDouble, PrintElement};
14      int array[10] = {0};
15      int menu;
16
17      while(1)
18      {
19          printf("[0] 종료 [1] 생성 [2] 두배 [3] 출력 - ");
20          scanf("%d", &menu);
21
22          if(menu < 0 || menu > 3)
23              continue;
24
25          if(menu == 0)
26              break;
27
28          ProxyFunction(FuncArray[menu-1], array, 10);
29
30          if(menu == 3)
31              printf("\n");
```

```
32          }
33      }
34
35      void Change(int* pn)
36      {
37          *pn = rand() % 100;
38      }
39
40      void ToDouble(int* pn)
41      {
42          *pn *= 2;
43      }
44
45      void PrintElement(int* pn)
46      {
47          printf("%3d", *pn);
48      }
49
50      void ProxyFunction(void (* func)(int*), int* array, int size)
51      {
52          int i;
53          for(i = 0; i < size; i++)
54              func(array+i);
55      }
```

◯ 출력결과

[0] 종료 [1] 생성 [2] 두배 [3] 출력 – 1
[0] 종료 [1] 생성 [2] 두배 [3] 출력 – 3
 41 67 34 0 69 24   78 58 62   64
[0] 종료 [1] 생성 [2] 두배 [3] 출력 – 2
[0] 종료 [1] 생성 [2] 두배 [3] 출력 – 3
 82 134 68 0 138 48 156 116 124 128
[0] 종료 [1] 생성 [2] 두배 [3] 출력 – 0

◯ 코드설명

[5번째 줄]
함수 포인터로 전달되는 함수들의 선언으로 세 개의 함수 모두 같은 자료형입니다. 이들 함수에
는 배열을 변경하는 함수가 포함되어 있기 때문에 매개 변수를 int*로 전달합니다. 배열을 읽기만

하는 PrintElement( )도 포인터 매개 변수를 사용해서 값을 읽을 수 있습니다. PrintElement( )의 매개 변수는 포인터일 필요가 없지만, 다른 두 함수와 보조를 맞추기 위해 포인터로 수정되었습니다.

[9번째 줄]

함수 포인터를 매개 변수로 받는 함수를 선언합니다. typedef 키워드를 사용하지 않았습니다. 두 번째와 세 번째 매개 변수는 func 함수 포인터가 사용할 데이터가 아니라 ProxyFunction()가 반복문을 구성하기 위해 필요한 매개 변수입니다.

[13번째 줄]

함수 포인터를 요소로 갖는 FuncArray 배열을 선언합니다.

[28번째 줄]

ProxyFunction( )의 매개 변수로 선택 함수를 전달합니다. FuncArray는 배열이므로 [ ] 연산자를 사용해서 배열의 요소를 전달하고 있습니다. FuncArray는 함수 포인터 배열이므로 함수 포인터를 매개 변수로 전달하는 코드입니다.

[30번째 줄]

배열을 출력하는 메뉴일 경우, 개행 문자를 출력해서 메뉴가 다음 줄에서 시작하도록 합니다. 출력 메뉴가 존재하기 때문에 억지로 넣은 것이지 실제 상황에서는 이와 같은 코드가 나오지 않습니다.

[35번째 줄]

매개 변수로 전달된 값을 난수로 변경하는 Change( )를 정의합니다. 매개 변수를 이용해서 원본 변수를 변경하기 때문에 주소를 전달받습니다. 이전 코드에서 봤던 반복문이 사라졌습니다.

Change( )를 비롯해서 ToDouble( ), PrintElement( )는 ProxyFunction( ) 내부에서 반복 횟수만큼 호출됩니다. 직접 반복하지 않고 반복을 다른 함수에 위임하고 있습니다.

[40번째 줄]

매개 변수로 전달된 값을 2배로 변경하는 ToDouble( )를 정의합니다.

[45번째 줄]

정수를 출력하는 PrintElement( )를 정의합니다. 읽기만 하기 때문에 주소가 아니어도 되지만, Change( )와 ToDouble( )와 자료형을 맞추기 위해 주소로 전달받습니다.

[50번째 줄]

함수 포인터를 매개 변수로 받는 ProxyFunction( )를 정의합니다. 이전과 같이 함수 포인터를 매개 변수로 받지만, 이번에 받은 함수에는 반복하는 코드가 없으므로 직접 반복합니다. 그러면서 배열의 요소를 전달받은 함수에 넘겨줍니다. 배열 요소의 주소를 넘겨주어야 하므로 [ ] 연산자 없이 포인터 연산(array+i)으로 처리했습니다.

ProxyFunction( )가 없다면 반복문은 각각의 함수마다 개별적으로 존재해야 했습니다. 지금은 ProxyFunction( )에서 대신 반복하기 때문에 한 번밖에 나오지 않았습니다. 반복이 필요하다면 함수를 제어하는 곳에서 반복해야지 각각의 함수에서 개별적으로 반복해서는 안 되겠습니다.

중복된 코드를 제거할 수 있다는 것을 증명해 봤습니다. 그러나 장점만 있는 것은 아닙니다. 각각의 함수는 단순해졌지만 함수 포인터를 사용해야 한다는 부담이 발생했습니다. 결과를 놓고 보면 복잡도에서는 이전 코드와 차이가 없어 보일 수 있습니다.

그러나 현업에서는 `ProxyFunction( )`와 같은 코드는 만들 필요가 없습니다. 회사가 됐건 언어 표준이 됐건 구현되어 있는 코드를 가져다 사용하면 됩니다. `Change( )`와 같은 간단한 코드만 구현하면 되기 때문에 오히려 코딩을 못하는 개발자에게 더욱 유리한 것이 함수 포인터일 수도 있습니다. 참, 묘한 세상입니다.

선택 정렬 Selection Sort

배열을 정렬하는 방법으로 여러 가지가 있지만 어렵지 않고 코딩할 만하다고 생각하는 것이 선택 정렬(Selection Sort)입니다. 자료구조(Data Structure) 서적에 나오는 것처럼 반복문을 중첩시켜서 처리하지 않고, 각각의 반복문을 함수로 분리해서 구현해 봅니다. 자료구조를 이해시키려는 목적은 아니므로 가독성을 높이는 쪽으로 구현합니다.

정렬된 결과를 계속적으로 출력하는 코드입니다. 선택 정렬을 사용했고, 공백(space) 키를 누르면 탈출할 수 있습니다. `FillRandom( )`와 `Print( )`는 한 번 나왔던 함수로 난수 발생과 출력을 담당합니다.

body_2_4_2.c

```
1   #include <stdio.h>
2   #include <conio.h>
3   #include <stdlib.h>
4   #pragma warning(disable:4996)
5
```

```
 6   enum {ARRAY_SIZE = 20};
 7
 8   void FillRandom(int* array, int size);
 9   void Print(int* array, int size);
10   void SelectionSort(int* array, int size);
11   void Selection(int* array, int size);
12
13   void main(void)
14   {
15       int array[ARRAY_SIZE];
16
17       do
18       {
19           FillRandom(array, ARRAY_SIZE);
20           SelectionSort(array, ARRAY_SIZE);
21           Print(array, ARRAY_SIZE);
22
23           printf("종료[space]\n");
24       }
25       while(getch() != ' ');
26   }
27
28   void FillRandom(int* array, int size)
29   {
30       int i;
31       for(i = 0; i < size; i++)
32           array[i] = rand() % 100;
33   }
34
35   void Print(int* array, int size)
36   {
37       int i;
38       for(i = 0; i < size; i++)
39       {
40           printf("%3d", array[i]);
41
42           if(i%10 == 9)
43               printf("\n");
44       }
45   }
46
```

```
47   void Selection(int* array, int size)
48   {
49       int i, MaxPos = 0;
50       for(i = 1; i < size; i++)
51       {
52           if(array[i] > array[MaxPos])
53               MaxPos = i;
54       }
55
56               i = array[MaxPos];
57       array[MaxPos] = array[size-1];
58       array[size-1] = i;
59   }
60
61   void SelectionSort(int* array, int size)
62   {
63       int i;
64       for(i = size; i > 1; i--)
65           Selection(array, i);
66   }
```

○ 출력결과

```
 0   5  24  27  27  34  36  41  42  45
58  61  62  64  67  69  78  81  91  95
종료[space]
 2   4  12  16  18  21  26  35  38  47
53  67  69  71  82  91  92  94  95  99
종료[space]
 3  11  11  22  23  29  33  37  41  41
44  47  53  57  59  62  64  68  73  78
종료[space]
```

○ 코드설명

[2번째 줄]

getch( )를 사용하기 위해 포함시켰습니다.

[6번째 줄]

배열의 크기를 상수로 정의했습니다. 시작은 20으로 하고, 언제든지 ARRAY_SIZE를 변경하면 전체 코드에 반영됩니다. 정렬에 사용한 표본의 크기를 버그(bug) 없이 쉽게 변경할 수 있다는 것이 장점입니다.

[17번째 줄]

난수를 생성하고, 정렬하고, 모니터에 출력합니다. 25번째 줄에서 공백 키를 제외한 어떤 키가 눌리건 다시 반복합니다. getch( )는 버퍼링(buffering)을 하지 않는 입력 함수로 엔터(enter) 키가 눌리지 않아도 반환합니다. scanf( )에서는 엔터 키를 눌러야 했습니다.

[47번째 줄]

배열에 들어있는 값들 중에 가장 큰 값을 마지막에 놓는 Selection( )를 정의합니다. 한 번 호출할 때마다 배열의 마지막 요소에 가장 큰 값이 들어가게 되므로, 결국 마지막 요소 하나를 정렬하는 셈이 됩니다. Selection( )를 호출할 때는 전달되는 배열에 정렬된 요소가 없어야 합니다. 가령 마지막 요소가 정렬된, 다시 말해 가장 큰 값이 마지막 요소에 있다는 것이 확실하다면 마지막 요소까지 처리하도록 Selection( )를 호출할 필요가 없습니다. 배열의 크기가 1씩 줄어들게 호출하는 것이 Selection( ) 호출의 묘미입니다.

MaxPos 변수는 가장 큰 값의 위치를 저장합니다. 0번째 요소부터 시작해서, i번째 요소가 MaxPos번째 요소보다 크다면 MaxPos 변수를 갱신합니다. 56번째 줄은 변수 교환(swap) 코드로 가장 큰 요소를 마지막에 놓기 위해 마지막 요소와 가장 큰 요소의 값을 교환합니다.

이 코드를 마치면 전달받은 배열의 마지막 요소에는 배열 전체에서 가장 큰 값이 들어갑니다. 다른 말로 하면, 마지막 요소 하나가 정렬되었다고 할 수 있습니다.

[61번째 줄]

선택 정렬을 구현한 SelectionSort( )를 정의합니다. 64번째의 반복문을 보면, 반복 변수 i가 1씩 줄어듭니다. 마지막 요소를 정렬하는 Selection( )를 사용할 때 점점 배열의 크기를 줄여나가야 합니다. 매번 호출할 때마다 마지막 요소가 정렬되고, 정렬된 요소는 배열에서 제외됩니다.

10개의 요소로 시작했다면 Selection( )를 한 번 호출하면 요소는 9개가 됩니다. 다시 Selection( )를 호출하면 8개가 됩니다. 배열의 크기가 실제로 바뀌는 것은 아니고 9개나 8개까지만 정렬 대상에 포함시키겠다는 것입니다. i는 배열의 크기이므로 size부터 2까지 반복합니다. 1일 때는 그 자체로 정렬된 것이므로 Selection( )를 호출할 필요가 없습니다.

이번 코드는 ARRAY_SIZE 상수를 변경해서 처리할 요소의 개수를 쉽게 변경할 수 있다고 말했습니다. 20개가 적다고 생각되면 100개나 200개쯤으로 늘려서 선택 정렬을 확인할 수도 있습니다. ARRAY_SIZE 상수를 사용하지 않으면 매직 넘버(Magic Number, 숫자 상수)가 사용된 곳을 모두 수정해야 하므로 처리할 것이 많습니다. 더욱이 중간에 수정하지 않은 것이 생길 때 버그로 변질될 수도 있습니다. 불편하다고 느낄 수도 있지 만 상수를 명확하게 정의하는 것이 나중을 생각할 때는 훨씬 좋은 코드가 됩니다.

선택 정렬을 설명하기 위한 코드는 아니었지만 선택 정렬과 관련된 코드만 나열되었습니다. 이번 코드는 함수 포인터를 선택 정렬과 결합하기 위한 준비 코드의 성격이라고 보면 되겠습니다. 바로 아래에서 진짜 코드를 보여드리겠습니다.

코드 선택 Select Code

정렬에는 두 가지 방법이 있습니다. 오름차순(Ascending Sort)과 내림차순(Descending Sort). 오름차순은 큰 데이터를 뒤에 놓는 방법이고, 내림차순은 큰 데이터를 앞에 놓는 방법입니다. 오름차순이라면 1, 3, 5, 7, 9의 순서로 배치되고, 내림차순이라면 9, 7, 5, 3, 1의 순서로 배치됩니다.

오름차순과 내림차순은 전혀 달라 보이지만 실제로는 연산자 하나만큼의 차이밖에 없습니다. 오름차순에 > 연산자를 사용했다면, 내림차순은 반대로 정렬하면 되므로 > 연산자의 반대 연산자인 < 연산자를 사용하면 됩니다. 정렬은 상당히 자주 볼 수 있는 작업에 속합니다. 정렬 방식에 따른 각각의 코드를 유지할 필요가 있을까요?

함수 포인터를 사용해서 정렬에서 공통적으로 등장하는 코드를 공유합니다. 오름차순과 내림차순, 두 개의 코드 중에서 선택적으로 코드를 사용하는 방법을 보여줍니다.

⬇ **body_2_4_3.c**

```
1   #include <stdio.h>
2   #include <conio.h>
3   #include <stdlib.h>
4   #include <ctype.h>
5   #pragma warning(disable:4996)
6
7   enum {ARRAY_SIZE = 20};
8
9   void FillRandom(int* array, int size);
10  void Print(int* array, int size);
```

```
11   void SelectionSort(int* array, int size, int(* CmpFunc)(int, int));
12   void Selection( int* array, int size, int(* CmpFunc)(int, int));
13
14   int CompareAsc(int n1, int n2);
15   int CompareDsc(int n1, int n2);
16
17   void main(void)
18   {
19       int ch;
20       int array[ARRAY_SIZE];
21
22       while(1)
23       {
24           printf("종료[space] 오름차순[A] 내림차순[D]\n");
25
26           ch = toupper(getch());
27
28           if(ch == ' ')
29               break;
30
31           if(ch != 'A' && ch != 'D')
32               continue;
33
34           FillRandom(array, ARRAY_SIZE);
35
36           if(ch=='A') SelectionSort(array,ARRAY_SIZE,CompareAsc);
37           else        SelectionSort(array,ARRAY_SIZE,CompareDsc);
38
39           Print(array, ARRAY_SIZE);
40       }
41   }
42
43   void FillRandom(int* array, int size)
44   {
45       int i;
46       for(i = 0; i < size; i++)
47           array[i] = rand() % 100;
48   }
49
```

```
50  void Print(int* array, int size)
51  {
52      int i;
53      for(i = 0; i <size; i++)
54      {
55          printf("%3d", array[i]);
56
57          if(i%10 == 9)
58          printf("\n");
59      }
60  }
61
62  void Selection(int* array, int size, int (* CmpFunc)(int, int))
63  {
64      int i, MaxPos = 0;
65      for(i = 1; i < size; i++)
66      {
67          if(CmpFunc(array[i], array[MaxPos]) == 1)
68              MaxPos = i;
69      }
70
71              i = array[MaxPos];
72      array[MaxPos] = array[size-1];
73      array[size-1] = i;
74  }
75
76  void SelectionSort(int* array, int size, int(* CmpFunc)(int, int))
77  {
78      int i;
79      for(i = size; i > 1; i--)
80          Selection(array, i, CmpFunc);
81  }
82
83  int CompareAsc(int n1, int n2)
84  {
85      return n1 > n2;
86  }
87
88  int CompareDsc(int n1, int n2)
89  {
90      return n1 < n2;
91  }
```

출력결과

```
종료[space] 오름차순[A] 내림차순[D]
  0   5  24  27  27  34  36  41  42  45
 58  61  62  64  67  69  78  81  91  95
종료[space] 오름차순[A] 내림차순[D]
 99  95  94  92  91  82  71  69  67  53
 47  38  35  26  21  18  16  12   4   2
종료[space] 오름차순[A] 내림차순[D]
  3  11  11  22  23  29  33  37  41  41
 44  47  53  57  59  62  64  68  73  78
종료[space] 오름차순[A] 내림차순[D]
 93  90  90  88  70  64  50  48  48  46
 42  42  40  35  29  16   6   6   5   1
종료[space] 오름차순[A] 내림차순[D]
```

코드설명

[4번째 줄]

알파벳을 대문자로 변경하는 toupper( )를 사용하기 위해 ctype.h 파일을 포함시켰습니다. ctype.h 파일에는 이외에도 문자와 관련된 다양한 함수가 있습니다. 대문자를 판단하는 isupper( ), 숫자 문자 여부를 판단하는 isdigit( ) 등등 많이 있습니다.

[11번째 줄]

선택 정렬의 함수 선언이 변경되었습니다. 세 번째 매개 변수로 int 두 개를 매개 변수로 받아서 결과를 int로 반환하는 함수 포인터가 넘어갑니다.

[14, 15번째 줄]

정렬 방법을 결정할 코드를 갖고 있는 비교 함수들의 선언입니다.

[22번째 줄]

오름차순과 내림차순을 선택할 수 있도록 메뉴를 변경했습니다. 배열을 무조건 출력하지 않고, 정렬 방법을 선택한 다음에 출력합니다.

34번째 줄에서 난수를 생성하고, 36, 37번째 줄에서 선택한 방법으로 정렬하고, 39번째 줄에서 출력합니다. 36번째 줄에서 SelectionSort( )를 호출할 때, 정렬 방법의 열쇠를 쥐고 있는 코드 (함수 포인터)를 전달합니다. if문을 없애고 다음처럼 조건 연산자를 사용할 수도 있습니다.

```
SelectionSort(array, ARRAY_SIZE, (ch == 'A') ? CompareAsc : CompareDsc );
```

개인적으로는 차이가 없다고 느끼는데, 학생들은 조건 연산자를 선호하는 경향이 있는 것 같습니다. 어떤 함수 포인터를 전달할지의 문제일 뿐입니다.

[62번째 줄]

Selection( )를 정의합니다. 세 번째 매개 변수로 두 개의 정수를 대상으로 결과를 반환하는 함수 포인터를 받습니다. CmpFunc 함수 포인터의 결과는 현재의 순서가 올바른지 그른지를 알려주는, 참과 거짓의 두 가지입니다. 참을 반환하면 "틀리다", 거짓을 반환하면 "맞다"는 뜻입니다. 다른 말로 하면 참을 반환할 때 필요한 작업을 수행하고, 거짓을 반환하면 아무 것도 하지 않는다는 뜻입니다.

67번째 줄에서 CmpFunc( )의 호출한 결과를 비교합니다. 참(1)을 반환했으므로 필요한 작업을 수행해야 합니다. 여기서는 가장 큰 위치를 저장하는 것이므로 i를 MaxPos 변수에 저장합니다. 앞에 나왔던 선택 정렬과 다른 부분이라면 이곳 한 줄입니다. MaxPos 변수에 치환할 것인지를 판단하는 방법을 외부에서 전달받는 것만 다르고, 나머지는 완전히 똑같습니다.

[76번째 줄]

SelectionSort( )를 정의합니다. 앞에 나왔던 코드랑 다른 점은 Selection( )에서 사용할 함수 포인터를 전달하는 것뿐입니다.

[83, 88번째 줄]

오름차순과 내림차순에 사용할 비교 함수인 CompareAsc( )와 CompareDsc( )를 정의합니다. 단순히 두 개의 매개 변수 중 어떤 변수가 큰지 알려줍니다. 오름차순에 사용하는 CompareAsc( )는 첫 번째가 클 경우 참(TRUE)을 반환합니다. 앞의 설명에서 참을 반환할 때 필요한 작업을 수행한다고 했으므로, 순서가 맞지 않을 때(앞쪽이 뒤쪽보다 클 때) 순서를 맞게 스왑(swap)합니다. 그래서 오름차순으로 정렬됩니다.

CompareAsc( )와 CompareDsc( )를 보면 첫 번째 매개 변수를 기준으로 큰지 작은지 알려주는 것이 전부입니다. 정렬을 하기 위해서 필요한 것도 큰지 작은지에 대한 결과뿐입니다. 오름차순과 내림차순은 코드에서 나타난 것처럼 〉와 〈 연산자의 차이밖에 없습니다.

선택 정렬에 대해서 적용을 했지만, `CompareAsc()`는 모든 정렬에 대해 동일하게 적용할 수 있습니다. 핵심이 되는 한 줄의 코드만 수정하면 될 것을 함수 포인터를 몰라서 매번 만드는 경우가 많습니다.

현업에서 사용할 때는 선택 정렬과 같은 코드는 갖고 있는 경우가 보통입니다. 회사에서 구입을 했건 표준 라이브러리에 포함이 됐건 쓸 수 있는 코드가 무조건 있습니다. 이때 여러분이 해야 할 것은 CompareAsc()와 같은 간단한 비교 함수를 만들어 제공하는 것뿐입니다.

함수 포인터를 알면 이러한 비교 함수가 어떤 역할을 하는지 정확하게 알 수 있으므로 코드에 대해 확신을 가질 수 있습니다. 모른다면 사용하지도 못할 뿐더러 사용한다고 하더라도 사용기간 내내 버그가 있는 것은 아닌지 불안에 떨게 될 것입니다.

> ### 연습 문제

1. 본문에서 작성한 선택 정렬 코드는 정수 배열에 대해서만 동작합니다. 이 코드를 수정해서 모든 자료형에 대해 오름차순이나 내림차순으로 정렬할 수 있는 선택 정렬 코드를 작성하세요. 모든 자료형에는 `int`와 `double` 등의 기본 자료형 외에도 문자열이나 구조체까지 포함해야 합니다.

   아래의 출력결과는 문자열 배열에 대해서 실행시킨 결과입니다. 여러분은 여기에 덧붙여 다른 자료형에 대해서도 검증을 해야 합니다.

   > **출력결과**
   >
   > [원본]
   >
   > | swing | book | dance | white | chocolate |
   > |-------|------|-------|-------|-----------|
   > | paper | sea | buffet | sports | bed |
   >
   > [오름차순]
   >
   > | bed | book | buffet | chocolate | dance |
   > |-----|------|--------|-----------|-------|
   > | paper | sea | sports | swing | white |
   >
   > [내림차순]
   >
   > | white | swing | sports | sea | paper |
   > |-------|-------|--------|-----|-------|
   > | dance | chocolate | buffet | book | bed |

2. 문자열 필터링(filtering)과 관련된 문제입니다. 다음과 같은 문자열 배열이 있을 때,

```
char words[][32] =
{
    "Hello", "TEST", "Newyork21", "1492", "memory", "MiNoR", "AccesS"
};
```

   아래 메뉴를 만족시키도록 출력하는 함수를 제작하도록 합니다. 매개 변수 중의 하나는 반드시 함수 포인터가 되어야 합니다.

   A. 대문자 – 전체가 대문자인 문자열 출력
   B. 소문자 – 전체가 소문자인 문자열 출력
   C. 길이　 – 길이가 일치하는 문자열 출력
   D. 검색　 – 같은 문자가 포함된 문자열 출력(대소문자 무시 – A와 a는 같은 문자로 처리)

"길이"와 "검색" 메뉴는 대소문자를 처리하는 함수와 자료형이 다르기 때문에 약간의 편법을 사용해야 합니다. 무엇을 편법이라고 하는지는 모르겠지만, 일반적인 방법이 아닌 것만은 분명합니다. 참고하기 바랍니다.

◉ 출력결과

```
[전체  ] Hello TEST Newyork21 1492 memory MiNoR AccesS
[대문자] TEST
[소문자] memory
정수 - 5
[길이  ] Hello MiNoR
문자 - E
[검색  ] Hello TEST Newyork21 memory AccesS
```

Chapter 05

형변환

➡ 이 장의 개요

이번 장에서는 함수 포인터의 형변환에 대해서 알아봅니다. 서로 다른 자료형의 변수에 대해 적법한 형변환을 통해 처리했던 것처럼, 함수 포인터 또한 변수의 한 종류일 뿐이 므로 형변환이 가능합니다. 직접 구현하기보다는 라이브러리와 같은 코드에 주로 등장 하기 때문에 코드를 읽을 수 있을 정도만 알아두면 되겠습니다.

➡ 이 장의 목표

1. 함수 포인터를 형변환해야 하는 필요성 및 기술 이해와 습득

2. 형변환된 함수 포인터를 이용해서 정확한 함수를 호출하는 방법 이해

= 연산자 Assign Operator

값을 전달하는 방법으로는 = 연산자 외에는 없습니다. = 연산자가 눈에 보이지 않을 수 는 있겠지만, 내부적으로 존재한다고 보는 것이 옳습니다. 값을 전달하는 어떤 코드에서 라도.

값을 전달하기 위해서 반드시 갖춰야 할 조건이 있습니다. 그냥 전달하는 것이 아니라 전달되는 과정에서 유실되지 않게 전달되어 정확한 방식으로 사용할 수 있도록 해야 합 니다. 올바른 전달을 위한 최소한의 조건이 있다면 자료형의 일치입니다. 자료형이 일치 한다고 해서 정확하게 동작하는 것은 아니지만, 대부분의 코드에서 무리가 없다는 것은 두말할 것도 없습니다.

형변환(casting)은 값을 전달하는 과정에서 양쪽의 자료형이 일치하지 않을 때 컴파일러 에게 확신을 주기 위해 사용합니다. 컴파일러는 코드를 해석할 수 없기 때문에 전달되는 값에 대해 확신을 가질 수 없습니다. 코드를 이해하고 있는 프로그래머만이 현재 전달되 는 값이 옳다는 것을 증명할 수 있습니다.

형변환을 하지 않는 것이 가장 좋은 코드이고 어쩔 수 없는 경우에만 해야 합니다. 형변

환이 너무 중요하기 때문에 C++에서는 C 언어의 단순 형변환을 4가지(static_cast, dynamic_cast, const_cast, reinterpret_cast)로 확장했습니다. 이들은 각각의 역할을 가지고 있고, 상황에 맞게 구분해서 사용해야 합니다. C 언어의 막무가내 형변환은 C++의 reinterpret_cast 연산자에 해당됩니다. 단어가 주는 의미 그대로 "재해석(reinterpret)"이기 때문에 C 언어를 확장할 수밖에 없었을 것입니다.

형변환 Casting

형변환을 하려면 서로 다른 자료형이 있어야 합니다. 함수 포인터 자료형을 두 개 만들어 봅니다.

```
typedef void (* funt1_t)(void)
typedef void (* funt2_t)(int)
```

func1_t는 매개 변수와 반환값이 없고, func2_t는 매개 변수로 int 자료형을 받습니다. func1_t와 func2_t는 서로 다른 자료형입니다.

```
func1_t func1;
func2_t func2 = func1;
```

각각의 변수를 선언하고, 한 변수를 다른 변수에 치환하면 에러가 발생합니다. 자료형이 다르니까요. 이때 형변환이 필요합니다.

```
func2 = (func2_t) func1;
func1 = (func1_t) func2;
```

typedef 키워드를 사용했기 때문에 int 자료형으로 형변환하는 것만큼이나 쉬워 보입니다.

다음은 형변환을 실제로 수행해서 호출하는 코드를 보여줍니다.

📥 **body_2_5_1.c**

```
1    #include <stdio.h>
2
3    void First(void);
4    int Second(int n);
5
6    void main(void)
7    {
8        void (* func1)(void);
9        int  (* func2)(int);
10
11       func1 = First;
12       func1();
13
14       func1 = (void (*)(void)) Second;
15       func1();
16
17       func2 = (int (*)(int)) First;
18       func2(123);
19
20       func2 = Second;
21       func2(456);
22   }
23
24   void First(void)
25   {
26       printf("First() 호출\n");
27   }
28
29   int Second(int n)
30   {
31       printf("Second 호출\n");
32
33       return n*2;
34   }
```

🔘 출력결과

First( ) 호출

Second 호출

First( ) 호출
Second 호출

코드설명

[3번째 줄]
서로 다른 자료형의 함수를 선언합니다.

[8번째 줄]
서로 다른 함수를 가리키는 포인터 변수를 선언합니다.

[11번째 줄]
func1의 자료형과 일치하는 함수인 First를 저장하고, 호출해서 결과를 확인합니다.

[14번째 줄]
func1의 자료형과 다른 함수인 Second를 저장합니다. 자료형이 다르기 때문에 func1의 자료형에 맞게 형변환을 수행합니다. func1을 호출할 때는 func1의 자료형에 맞게 매개 변수를 전달하지 않습니다. 비록 Second( )가 int 매개 변수를 갖고 있음에도 불구하고 말입니다. Second를 func1에 저장한 것은 func1처럼 사용하기 위해서일 수 있습니다.

[17번째 줄]
func2의 자료형과 다른 함수인 first를 저장합니다. 다른 자료형이라서 형변환을 했고, func2 자료형에 맞게 매개 변수를 정수로 전달했습니다. 그러나, First( )는 원래 매개 변수가 없기 때문에 전달된 매개 변수는 무시될 것입니다.

[20번째 줄]
func2의 자료형과 일치하는 함수인 Second를 저장하고, 호출해서 결과를 확인합니다.

변수인 경우에도 마찬가지이지만, 자료형이 다를 경우 사용하는 시점에서 올바르게 판단할 수 있어야 합니다. 어느 것이 맞는지 판단할 수 없다면 형변환을 하지 않았어야 합니다. 함수의 경우는 무조건 실행 코드가 어떻게 구성되었는지가 중요합니다. 실행 코드에서 매개 변수를 하나만 받는다면, 함수 포인터가 어떻건 하나만 전달하는 것이 맞습니다. 실행 코드는 수정할 수 없습니다.

정상 호출 Right Call

앞에서는 함수 포인터 변수의 자료형을 중시했기 때문에 잘못된 호출이 일부 발생했습니다. 그러나, 어쩔 수 없이 다른 자료형을 저장할 수밖에 없었지만 정확한 함수의 자료형을 알고 있다면 호출하는 시점에서라도 바로 잡았어야 합니다.

여기서는 함수 포인터 변수의 자료형이 올바르지 않다고 가정합니다. 호출할 때 어떤 식의 형변환이 요구되는지 보여줍니다. First()와 Second()는 앞에서 사용했던 함수를 수정없이 사용합니다.

body_2_5_2.c

```
1    #include <stdio.h>
2
3    void First(void);
4    int  Second( int n );
5
6    void main(void)
7    {
8        void (* func1)(void);
9        int  (* func2)(int);
10
11       func1 = (void (*)(void)) Second;
12       printf("반환 : %d\n", ((int (*)(int)) func1)(123));
13
14       func2 = (int (*)(int)) First;
15       ((void (*)(void)) func2)();
16   }
17
18   void First(void)
19   {
20       printf("First() 호출\n");
21   }
22
23   int Second(int n)
24   {
25       printf("Second() 호출\n");
```

```
26
27        return n*2;
28    }
```

Second( ) 호출
반환 : 246
First( ) 호출

[11번째 줄]

func1 변수에 Second( )를 저장하는데, 서로 다른 자료형이기 때문에 형변환이 필요합니다. 12번째 줄에서 func1 함수를 호출할 때는 반드시 Second( )에 맞게 호출해야 합니다. func1 변수가 Second( )를 가리키기 때문에, func1의 자료형은 중요하지 않습니다. Second( )가 어떤 매개 변수를 받고 어떤 값을 반환하는지가 중요합니다. Second( )의 코드는 컴파일 외에 변경할 수 있는 방법이 없습니다.

func1을 다른 자료형으로 형변환하는 코드가 상당히 복잡합니다. ( )가 너무 많이 나와서 번호를 붙여가면서 설명하겠습니다. 번호는 일치하는 ( )를 가리키기 위해 두 개씩 나옵니다.

```
1 2   33 4 4 2      1 5   5
(  (int (*)  (int)  ) func1) (123)
```

제일 중요한 ( )는 1번과 2번입니다. 얼핏 생각하면 없어도 될 것 같은데, 어느 하나라도 없애면 에러가 우수수 떨어집니다. 혹시나 싶어 그러는데, 위의 숫자는 ( )의 번호를 가리킵니다.

1. 5번 ( )만 포함되지 않은 부분을 하나로 묶어서 5번 ( )보다 먼저 해석하도록 해줍니다. 1번부터 4번까지의 ( )의 결과는 5번 ( )와 묶여서 함수 호출이 됩니다. 결국 1번 ( )는 함수 포인터로 해석됩니다.
2. func1에 적용할 새로운 자료형을 가리킵니다. 2번 ( )가 없으면 2번 ( ) 안에 포함된 식을 자료형이 아닌 함수 포인터 변수 선언으로 해석하게 됩니다. (int (*)(int))에서 * 왼쪽에 변수 이름을 쓰면 변수 선언이 됩니다.
3. 포인터 자료형을 뜻합니다.
4. 3번 ( )가 함수를 가리킨다는 것을 뜻합니다. int 매개 변수를 받는 함수가 됩니다.
5. func1 함수에 전달할 매개 변수를 뜻합니다.

[14번째 줄]

Second( )와 자료형이 같은 func2 변수에 First( )를 저장합니다. 역시 다른 자료형이므로 형변환이 필요합니다. 15번째 줄에서 First( )를 호출합니다. func2 변수는 First( )가 맞기 때문에 First( )에 맞게 함수를 호출하는 것이 중요합니다. func2를 형변환하는 방법은 앞에서 충분히 설명했기 때문에 생략합니다.

함수를 형변환해야 할 필요가 있을까요? 네, 있습니다.

함수의 자료형이 같다면 좋지만 현업에서는 상상할 수 없는 다양한 함수를 만나게 됩니다. 따라서 다른 자료형을 하나로 묶지 못하면 상당한 제약에 직면할 수도 있습니다. 단적인 예로 C++에 등장하는 가상 함수 테이블(Virtual Function Table)이 있습니다. 컴파일러는 서로 다른 멤버 함수를 하나의 함수 포인터 배열에 넣습니다. 심지어 함수가 아닌 정보도 함께 넣어버리기까지 합니다. 데이터와 코드가 섞여 있는 상상초월의 배열이 탄생합니다. 가상 함수 테이블에 대한 내용은 책 뒷부분을 참고하기 바랍니다.

반드시 자료형이 같아야 한다면 어떻게 할까요? C++에서는 멤버 변수를 써서 쉽게 해결할 수 있는 반면, C 언어는 앞장에서 보여줬던 것처럼 전역 변수를 사용해야 합니다. 아니면 별도의 함수를 만들어서 우회 호출하는 방법이 있을 수도 있습니다. 어찌 됐든 C 언어에서는 자료형이 다를 경우 많은 처리가 필요하다는 점은 어쩔 수 없습니다.

연습 문제

1. 자료형이 다른 함수가 세 개 있습니다. 아래는 예를 들었습니다.

```
void Hello(void);
void PrintNumber(int n);
void PrintArray(int* array, int size);
```

함수 포인터 배열을 선언하고 위의 함수들을 요소로 저장해서 호출하는 코드를 작성합니다. 위의 함수들에 들어가는 코드는 임의로 작성해도 되지만 반드시 정상적으로 동작한다는 것을 증명해야 합니다.

출력결과

```
Hello()
PrintNumber() [99]
PrintArray() [1 3 5 7 9 2 4 6 8 0]
```

실전

Chapter 01

C 언어

▶ **이 장의 개요**

이번 장에서는 여러 가지 활용 사례 중에서 가장 가까이 있는 C 언어에서의 함수 포인터를 살펴봅니다. 아직까지도 함수 포인터가 어렵고 멀게만 느껴진다면 이번 장을 통해 이미 우리 곁에 있다는 것을 깨달았으면 합니다. 그래서, 반드시 익혀야 하는 기술임을 이해했으면 합니다.

▶ **이 장의 목표**

1. 함수 포인터를 바라보는 시각에 대한 변화

2. 함수 포인터를 매개 변수로 받는 C 언어 표준 함수 이해 및 사용 기술 습득

빠른 정렬 qsort( )

C 언어는 자주 사용하는 몇 가지 코드에 대해 표준 함수를 제공합니다. 메모리를 복사하는 memcpy(), 문자열을 비교하는 strcmp(), 파일을 열어주는 fopen() 등등 여러 함수가 있습니다. 이 중에서 가장 어렵다고 알려진 함수가 빠른 정렬(Quick Sort)을 구현한 qsort()와 이진 검색(Binary Search)을 구현한 bsearch()입니다.

qsort()와 bsearch()가 어려운 것은 함수 포인터를 매개 변수로 받기 때문입니다. 알고리즘은 내부적으로 구현되어 있기 때문에 가져다 사용하면 되는데, 함수 포인터의 개념을 이해하지 못해서 함수 자체의 사용법을 어렵게 느끼게 됩니다. qsort()와 bsearch()의 사용법을 익히면서 C 언어에서 어떻게 함수 포인터를 활용하고 있는지 보겠습니다.

📥 **body_3_1_1.c**

```
1    #include <stdio.h>
2    #include <stdlib.h>
3    #include <string.h>
```

```
 4  #pragma warning(disable:4996)
 5
 6  enum {ARRAY_SIZE = 20};
 7  enum {QUIT, TITLE, PRICE, PAGE, MENU_COUNT};
 8
 9  typedef struct
10  {
11      char title[32];      // 제목
12      int  price;          // 가격
13      int  page;           // 쪽수
14  }
15  BOOK;
16
17  void InitBooks(BOOK* books, int size);
18  int SelectMenu(void);
19  void PrintBooks(BOOK* books, int size);
20
21  int CompareTitle(const void* p1, const void* p2);
22  int ComparePrice(const void* p1, const void* p2);
23  int ComparePage(const void* p1, const void* p2);
24
25  void main(void)
26  {
27      int (* CompareFuncs[])(const void*, const void*) =
        {
            NULL, CompareTitle, ComparePrice, ComparePage
        };
28      BOOK books[ARRAY_SIZE];
29      int select;
30
31      InitBooks(books, ARRAY_SIZE);
32
33      printf("[정렬 이전]\n");
34      PrintBooks(books, ARRAY_SIZE);
35
36      while(1)
37      {
38          select = SelectMenu();
39
40          if( select == QUIT )
41              break;
42
```

```
43              qsort(books, ARRAY_SIZE, sizeof(books[0]),
                    CompareFuncs[select]);
44              PrintBooks(books, ARRAY_SIZE);
45      }
46  }
47
48  void InitBooks(BOOK* books, int size)
49  {
50      BOOK shelf[13] =
51      {
52          "TCP/IP 프로토콜", 32000, 890,
53          "온라인 게임서버 프로그래밍", 16000, 425,
54          "Programming Applications", 34000, 1079,
55          "C++ Standard Library", 30000, 859,
56          "실용주의 디자인 패턴", 26000, 497,
57          "C로 배우는 알고리즘", 20000, 699,
58          "C++ 완벽 해설서", 40000, 1127,
59          "Introduction To Algorithms", 42000, 1275,
60          "C++ 자료구조", 33000, 779,
61          "파괴의 광학", 17000, 423,
62          "OS 커널의 구조와 원리", 22000, 454,
63          "누워서 읽는 알고리즘", 12000, 248,
64          "유닉스 리눅스 필수 유틸리티", 23000, 560,
65      };
66
67      int i;
68      for(i = 0; i < size; i++)
69          books[i] = shelf[i%13];
70  }
71
72  int SelectMenu(void)
73  {
74      char menu[32];
75      int index = -1;
76
77      do
78      {
79          printf("[메뉴] quit title price page - ");
80          scanf("%s", menu);
81          fflush(stdin);
82
```

```
83                    if(strcmp(menu, "quit" ) == 0) index = QUIT;
84              else if(strcmp(menu, "title") == 0) index = TITLE;
85              else if(strcmp(menu, "price") == 0) index = PRICE;
86              else if(strcmp(menu, "page" ) == 0) index = PAGE;
87         }
88         while(index < 0 || index >= MENU_COUNT);
89
90         return index;
91  }
92
93  void PrintBooks(BOOK* books, int size)
94  {
95         int i;
96         for(i = 0; i < size; i++)
97              printf("%-30s %5d %4d\n", books[i].title,
                                          books[i].price, books[i].page);
98
99         printf("\n");
100 }
101
102 int CompareTitle(const void* p1, const void* p2)
103 {
104        BOOK* pb1 = (BOOK*) p1, * pb2 = (BOOK*) p2;
105
106        return strcmp(pb1->title, pb2->title);
107 }
108
109 int ComparePrice(const void* p1, const void* p2)
110 {
111        return ((BOOK*) p1)->price - ((BOOK*) p2)->price;
112 }
113
114 int ComparePage(const void* p1, const void* p2)
115 {
116        return ((BOOK*) p1)->page - ((BOOK*) p2)->page;
117 }
```

◯ 출력결과

[정렬 이전]

TCP/IP 프로토콜   32000   890

온라인 게임서버 프로그래	16000	425
Programming Application	34000	1079
C++ Standard Library	30000	859
실용주의 디자인 패턴	26000	497
C로 배우는 알고리즘	20000	699
C++ 완벽 해설서	40000	1127
Introduction To Algorithms	42000	1275
C++ 자료구조	33000	779
파괴의 광학	17000	423
OS 커널의 구조와 원리	22000	454
누워서 읽는 알고리즘	12000	248
유닉스 리눅스 필수 유틸리티	23000	560
TCP/IP 프로토콜	32000	890
온라인 게임서버 프로그래밍	16000	425
Programming Applications	34000	1079
C++ Standard Library	30000	859
실용주의 디자인 패턴	26000	497
C로 배우는 알고리즘	20000	699
C++ 완벽 해설서	40000	1127

[메뉴] quit title price page - title

C++ Standard Library	30000	859
C++ Standard Library	30000	859
C++ 완벽 해설서	40000	1127
C++ 완벽 해설서	40000	1127
C++ 자료구조	33000	779
C로 배우는 알고리즘	20000	699
C로 배우는 알고리즘	20000	699
Introduction To Algorithms	42000	1275
OS 커널의 구조와 원리	22000	454
Programming Applications	34000	1079
Programming Applications	34000	1079
TCP/IP 프로토콜	32000	890
TCP/IP 프로토콜	32000	890
누워서 읽는 알고리즘	12000	248
실용주의 디자인 패턴	26000	497

실용주의 디자인 패턴	26000	497
온라인 게임서버 프로그래밍	16000	425
온라인 게임서버 프로그래밍	16000	425
유닉스 리눅스 필수 유틸리티	23000	560
파괴의 광학	17000	423

[메뉴] quit title price page - price

누워서 읽는 알고리즘	12000	248
온라인 게임서버 프로그래밍	16000	425
온라인 게임서버 프로그래밍	16000	425
파괴의 광학	17000	423
C로 배우는 알고리즘	20000	699
C로 배우는 알고리즘	20000	699
OS 커널의 구조와 원리	22000	454
유닉스 리눅스 필수 유틸리티	23000	560
실용주의 디자인 패턴	26000	497
실용주의 디자인 패턴	26000	497
C++ Standard Library	30000	859
C++ Standard Library	30000	859
TCP/IP 프로토콜	32000	890
TCP/IP 프로토콜	32000	890
C++ 자료구조	33000	779
Programming Applications	34000	1079
Programming Applications	34000	1079
C++ 완벽 해설서	40000	1127
C++ 완벽 해설서	40000	1127
Introduction To Algorithms	42000	1275

[메뉴] quit title price page - quit

코드설명

[6번째 줄]
상수를 정의합니다. 종료를 포함해서 메뉴는 0부터 3까지의 정수를 갖고, 각 번호는 함수 포인터 배열에서의 순서와 똑같습니다. MENU_COUNT 상수는 0부터 시작하므로 4의 값을 갖고, 결국 전체 메뉴의 개수를 나타냅니다.

[9번째 줄]

BOOK 구조체를 정의합니다. 제목, 가격, 쪽수의 세 가지 멤버로 구성됩니다.

[21번째 줄]

qsort( )에서 사용할 비교 함수를 선언합니다. 이들 함수의 자료형은 같고, qsort( )에서 요구하는 마지막 매개 변수의 자료형과 완전히 일치합니다. 어떤 종류의 배열을 사용할지 모르기 때문에 매개 변수로 전달되는 자료형은 void*가 되고, 비교만 하고 수정은 하지 않기 때문에 const 키워드가 붙습니다. 어떤 데이터인지는 알 수 없지만 "빠른 정렬"이라는 알고리즘에 따라 qsort( )에서 임의로 요소 두 개의 주소를 전달합니다. 그래서 주소이기는 하지만(* 연산자) 어떤 데이터인지를 몰라서(void), 즉 void*가 됩니다.

[27번째 줄]

함수 포인터 배열을 선언합니다. 메뉴 번호와 함수 포인터의 값을 맞추기 위해 첫 번째 요소로 NULL 포인터를 넣었습니다. 앞에서 봤던 함수 포인터 배열에서는 메뉴 번호와 함수 포인터 순서에 1만큼의 오차가 있었습니다. 이제는 패딩(padding)에 해당하는 NULL 포인터가 있기 때문에 43번째 줄에서 CompareFuncs를 참고할 때 1을 빼지 않습니다. 요소 하나를 낭비해서 코드의 가독성을 높였기 때문에 이번 코드가 더 낫다고 생각합니다.

[31번째 줄]

books 배열을 초기화합니다. 배열의 크기가 13개를 넘을 경우에는 데이터가 중복되어 입력됩니다. ARRAY_SIZE 상수를 20으로 했으므로, books 배열에는 7개의 중복된 데이터가 포함된 상태입니다. 34번째 줄에서는 배열의 현재 상태, 즉 정렬되지 않은 상태라는 것을 보여주기 위해 일단 출력합니다.

[36번째 줄]

사용자가 0번 메뉴를 입력할 때까지 반복합니다. 38번째 줄의 SelectMenu( )는 문자열을 입력받아서 정수로 변환해서 반환합니다. 메뉴에 들어있는 문자열이 입력되지 않으면 종료하지 않고 무한 반복하는 함수입니다.

43번째 줄에서 선택한 메뉴와 연결된 함수를 qsort( )에 전달해서 배열을 원하는 기준으로 정렬하고, 정렬되었는지 확인하기 위해 출력까지 합니다. 함수 포인터 배열에 포함된 세 개의 간단한 비교 함수만으로 원하는 정렬을 수행할 수 있다는 것이 놀랍습니다. 정말로 비교 함수에 포함된 작은 코드만 교체하면 원하는 기준의 정렬이 가능합니다. 직접 확인해보기 바랍니다.

[43번째 줄]

이번 예제의 핵심입니다. qsort( )는 stdlib.h 파일에 포함된 표준 함수입니다. 매개 변수는 네 개이고, 마지막 매개 변수가 정렬에 필요한 스왑(swap)을 결정하는 비교 함수의 포인터입니다.

첫 번째 매개 변수는 정렬할 배열로서 자료형에 상관없이 모든 종류의 배열을 지원합니다. 두 번째와 세 번째 매개 변수가 어려운데, qsort( )는 자료형을 모르는 상태이므로 자료형의 크기를 세 번째 매개 변수로 전달해야 합니다. 그래야 내부적으로 전달된 크기만큼 포인터 연산으로 이동할 수 있습니다. 두 번째는 배열의 크기입니다. 배열의 크기만으로 배열 전체를 표현할 수 없다는 것을 이해해야 합니다. 첫 번째 매개 변수가 모든 종류의 배열이라고 했으므로 첫 번째와 두 번째만으로는 배열을 올바르게 표현할 수 없습니다.

마지막 매개 변수는 배열 요소 2개를 받아서 스왑해야 하는지를 알려주는 비교 함수입니다. 이 함수의 반환값은 양수, 음수, 0의 세 가지 중 하나가 됩니다. strcmp()를 사용해 봤다면 이 함수의 반환값을 쉽게 이해할 수 있습니다. 첫 번째 매개 변수를 기준으로 크다면 양수, 작다면 음수, 같을 때 0을 반환합니다. qsort()는 양수를 반환하면 스왑하겠다는 것으로 인식합니다. 내부적으로 qsort()가 어떻게 동작하는지는 자료구조의 빠른 정렬 알고리즘을 참고하도록 합니다.

[48번째 줄]

InitBooks()를 정의합니다. 13개의 요소를 갖는 배열이 있고, 초기화시킬 배열의 크기에 상관없이 13개만으로 초기화시킵니다. 13개를 초과할 경우, 초기화될 배열에는 중복된 요소가 들어갑니다. 69번째 줄의 i%13이 핵심입니다.

[72번째 줄]

SelectMenu()를 정의합니다. 메뉴에 있는 항목을 입력할 때까지 무한 반복합니다. 올바른 입력일 경우, 입력 메뉴에 해당하는 정수를 반환해서 main()의 코드를 가볍게 만드는 것이 이 함수의 목적입니다. 75번째 줄에서 반환값을 나타내는 index 변수는 메뉴에 포함되지 않는 값(-1)을 주어서 반복문을 탈출하지 못하도록 처리했습니다.

[93번째 줄]

PrintBooks()를 정의합니다. 구조체 배열의 내용을 한 줄에 하나씩 출력합니다.

[102번째 줄]

제목으로 비교한 결과를 반환하는 CompareTitle()를 정의합니다. qsort()에 전달되는 매개 변수(함수 포인터)이므로 결국 qsort() 내부에서 호출하게 되고, 이 함수에 전달되는 매개 변수는 qsort()로부터 넘겨받을 수밖에 없습니다. 그러나, qsort()는 어떤 배열을 정렬할지 모르기 때문에 정확한 자료형을 표현할 수 없습니다. 자료형을 모르기 때문에 int 배열이어도 어쩔 수 없이 int 변수(배열 요소)의 주소를 전달합니다. 자료형을 모르는 문제를 해결하는 방법은 C 언어에서는 void*뿐입니다. 변경되지 않는다는 뜻으로 앞에 const 키워드가 붙어 있습니다.

qsort()에 전달된 배열은 BOOK 구조체 배열이므로 배열의 요소는 BOOK 구조체가 되고, 비교 함수에 전달된 매개 변수는 BOOK*가 됩니다. 일단 명확하게 보여주기 위해 pb1과 pb2라는 BOOK* 변수를 선언했습니다. 제목은 문자열이고, strcmp()의 반환값이 비교 함수의 반환값과 같으므로 직접 반환합니다.

[109번째 줄]

가격으로 비교한 결과를 반환하는 ComparePrice()를 정의합니다. 앞에서 임시 변수를 선언한

코드를 보여줬으므로 이번에는 직접 형변환을 했습니다. 임시 변수가 줄어들었지만 return문의
코드가 좀더 복잡해졌습니다. 정수 멤버이기 때문에 양수, 음수, 0 중의 하나를 반환하기 위해 그
냥 뺍니다. 굳이 if문을 사용해서 반환값을 처리할 필요가 없겠습니다.

114번째 줄은 같은 코드이고, 쪽수로 비교한 결과를 반환하는 ComparePage( )를 정의합니다.

이번 예제에서는 실제로 함수 포인터가 유용하게 사용되고 있다는 것을 이해해야 하고,
함수 포인터를 사용한다고 해서 꼭 어렵지만은 않다는 것도 이해해야 합니다. 직접 구현
할 수도 있겠지만, 대부분은 지금처럼 간단한 비교 함수를 만들기만 하면 원하는 작업을
수행할 수 있습니다. 어쩌면 함수 포인터를 몰라도 작업이 가능할 수도 있습니다. 다만
인간으로서 가슴 한구석에 솟아나는 호기심은 꼭 참아야 할 겁니다.

이진 검색 bsearch( )

다음은 qsort( )와 거의 유사하지만 정렬이 아닌 검색을 지원하는 bsearch( )입니다.
놀랍게도 새로 추가한 함수 없이 앞의 예제에서 사용한 몇 가지 함수만을 갖고 작업이
가능합니다. bsearch( )는 정렬된 배열에 대해서만 동작하므로 qsort( )로 정렬한 다
음에 검색하도록 합니다.

⬇ **body_3_1_2.c**

```
1    #include <stdio.h>
2    #include <stdlib.h>
3    #include <string.h>
4    #pragma warning(disable:4996)
5
6    enum {ARRAY_SIZE = 20};
7
8    typedef struct
9    {
10       char title[32];        // 제목
11       int price;             // 가격
```

```
12          int page;                   // 쪽수
13    }
14    BOOK;
15
16    void InitBooks(BOOK* books, int size);
17    void PrintBooks(BOOK* books, int size);
18    int CompareTitle(const void* p1, const void* p2);
19
20    void main(void)
21    {
22        BOOK books[ARRAY_SIZE];
23        BOOK input;
24        BOOK* find = NULL;
25
26        InitBooks(books, ARRAY_SIZE);
27
28        qsort(books, ARRAY_SIZE, sizeof(books[0]), CompareTitle);
29        PrintBooks(books, ARRAY_SIZE);
30
31        printf("[종료] quit 입력\n");
32
33        while(1)
34        {
35            printf("제목 : ");
36            gets(input.title); fflush(stdin);
37
38            if(strcmp(input.title, "quit") == 0)
39                break;
40
41            find = bsearch(&input,
                        books, ARRAY_SIZE, sizeof(books[0]),
                        CompareTitle);
42
43            if(find != NULL)
44                printf("결과 : %s %d %d\n", find->title,
                                        find->price, find->page);
45            else
46                printf("결과 : 없음\n");
47        }
48    }
49
```

```
50    void InitBooks(BOOK* books, int size)
51    {
52        BOOK shelf[13] =
53        {
54            "TCP/IP 프로토콜", 32000, 890,
55            "온라인 게임 서버 프로그래밍", 16000, 425,
56            "Programming Applications", 34000, 1079,
57            "C++ Standard Library", 30000, 859,
58            "실용주의 디자인 패턴", 26000, 497,
59            "C로 배우는 알고리즘", 20000, 699,
60            "C++ 완벽 해설서", 40000, 1127,
61            "Introduction To Algorithms", 42000, 1275,
62            "C++ 자료구조", 33000, 779,
63            "파괴의 광학", 17000, 423,
64            "OS 커널의 구조와 원리", 22000, 454,
65            "누워서 읽는 알고리즘", 12000, 248,
66            "유닉스 리눅스 필수 유틸리티", 23000, 560,
67        };
68
69        int i;
70        for(i = 0; i < size; i++)
71            books[i] = shelf[i%13];
72    }
73
74    void PrintBooks(BOOK* books, int size)
75    {
76        int i;
77        for(i = 0; i < size; i++)
78            printf("%-30s %5d %4d\n", books[i].title,
                                        books[i].price, books[i].page);
79
80        printf("\n");
81    }
82
83    int CompareTitle(const void* p1, const void* p2)
84    {
85        BOOK* pb1 = (BOOK*) p1, * pb2 = (BOOK*) p2;
86
87        return strcmp(pb1->title, pb2->title);
88    }
```

●　출력결과

C++ Standard Library	30000	859
C++ Standard Library	30000	859
C++ 완벽 해설서	40000	1127
C++ 완벽 해설서	40000	1127
C++ 자료구조	33000	779
C로 배우는 알고리즘	20000	699
C로 배우는 알고리즘	20000	699
Introduction To Algorithms	42000	1275
OS 커널의 구조와 원리	22000	454
Programming Applications	34000	1079
Programming Applications	34000	1079
TCP/IP 프로토콜	32000	890
TCP/IP 프로토콜	12000	248
실용주의 디자인 패턴	26000	497
실용주의 디자인 패턴	26000	497
온라인 게임 서버 프로그래밍	16000	425
온라인 게임 서버 프로그래밍	16000	425
유닉스 리눅스 필수 유틸리티	23000	560
파괴의 광학	17000	423

[종료] quit 입력
제목: 누워서 읽는 알고리즘
결과: 누워서 읽는 알고리즘 12000 248
제목: 파괴의 광학
결과: 파괴의 광학 17000 423
제목: 자료구조
결과: 없음
제목: quit

●　코드설명

[18번째 줄]
제목으로만 검색하므로 CompareTitle( )을 제외한 나머지 비교 함수는 사용하지 않습니다. 가격으로 정렬한다면 가격 비교 함수, 쪽수로 정렬한다면 쪽수 비교 함수를 사용하면 되겠습니다. 코드는 qsort( )에서 사용했던 것을 재사용합니다.

[23번째 줄]

제목으로 검색한다고 해서 char 배열을 선언하면 안 됩니다. CompareTitle( )는 두 개의 BOOK 구조체를 매개 변수로 받는데, 그 중 하나가 검색에 사용할 구조체입니다. qsort( )처럼 bsearch( )는 어떤 것을 검색하는지 모르기 때문에 배열 요소의 자료형을 전달해야 합니다. 가격이나 쪽수로 검색하더라도 BOOK 구조체 변수가 필요합니다.

[26번째 줄]

배열을 초기화하고 qsort( )로 정렬시킵니다. 검색에 필요한 제목을 쉽게 입력받을 수 있게 29번째 줄에서 출력까지 해줍니다.

[33번째 줄]

"quit" 문자열을 입력할 때까지 반복합니다. 제목에는 공백이 포함되어 있으므로 scanf( ) 대신 gets( )를 사용했습니다. fgets( )에는 개행 문자가 포함되기 때문에 사용하기 쉬운 gets( )를 선택했습니다.

41번째 줄에서 입력한 제목이 들어있는 BOOK 구조체의 주소를 찾은 다음 43번째 줄에서 검색 결과에 따른 내용을 출력합니다. 검색은 언제나 실패할 수 있다는 것을 염두에 둬야 합니다.

[41번째 줄]

bsearch( )를 호출합니다. bsearch( )의 두 번째부터 마지막까지 4개의 매개 변수는 qsort( )와 완전히 똑같습니다. 첫 번째 매개 변수는 찾고자 하는 데이터가 들어있는 변수의 주소입니다.

bsearch( )는 찾지 못하면 NULL 포인터를 반환하고 찾으면 찾은 요소의 주소를 반환합니다. BOOK 구조체 배열에서 검색했으므로 반환값은 BOOK*가 됩니다. 찾지 못했다는 뜻은 찾고자 하는 제목이 없는 경우와 정렬되지 않은 배열에 대해 검색을 시도한 경우로 나눌 수 있습니다. 어떤 이유건 찾지 못하면 NULL 포인터를 반환합니다.

bsearch( )는 동등성을 이용해서 요소를 찾습니다. 두 가지 조건을 모두 만족시키지 않을 때, 다시 말해 모두 거짓일 때 "같다"라고 얘기합니다. 동등성과 상등성에 대한 개념은 2부에서 매개 변수를 다루는 "연습 문제"의 1번 문제로 풀어본 적이 있습니다. 어떻게 동작하는지 이해했었다면 bsearch( )가 훨씬 편하게 다가왔을 거라고 생각합니다.

이진 검색은 선형 검색(Linear Search)에 비해 상상할 수 없을 만큼 빠릅니다. 다만 정렬되어 있어야 합니다. 함수 포인터에 대한 이해가 없으면 bsearch( )의 선언에서부터 막히기 때문에 괜히 어렵게 느껴집니다. 참고로 C 언어 표준에는 선형 검색이나 다른 정렬 방법을 사용하는 함수는 없습니다.

종료 핸들러 atexit( )

마지막으로 역시 C 표준 함수에 포함되어 있는 atexit()를 보겠습니다. atexit() 는 프로그램이 종료할 때 호출될 작업을 처리하는 함수로, 프로그램 종료 전에 반드시 처리해야 하는 코드가 있다면 함수의 형태로 전달할 수 있습니다.

📥 **body_3_1_3.c**

```c
1    #include <stdio.h>
2    #include <stdlib.h>
3    #pragma warning(disable:4996)
4
5    void First(void);
6    void Second(void);
7    void Third(void);
8
9    void main(void)
10   {
11       printf("----> atexit() 이전 <----\n");
12
13       atexit(First);
14       atexit(Second);
15       atexit(Third);
16
17       printf("----> atexit() 이후 <----\n");
18   }
19
20   void First(void)
21   {
22       printf("첫 번째 함수 : First()\n");
23   }
24
25   void Second(void)
26   {
27       printf("두 번째 함수 : Second()\n");
28   }
29
```

```
30   void Third(void)
31   {
32       printf("세 번째 함수 : Third()\n");
33   }
```

◯ 출력결과

```
——〉 atexit( ) 이전 〈——
——〉 atexit( ) 이후 〈——
세 번째 함수 : Third( )
두 번째 함수 : Second( )
첫 번째 함수 : First( )
```

◯ 코드설명

[11번째 줄]
main( )에서의 처음과 끝을 알리는 출력을 합니다. 17번째는 main( )가 종료되었음을 나타냅니다.

[13번째 줄]
프로그램 종료 전에 처리할 세 개의 작업을 등록합니다. 하나만 등록하는 것이 아니라 원하는 만큼 등록할 수 있습니다. 내부적으로 함수 포인터 배열을 유지하고 있을 것입니다.

[20, 25, 30번째 줄]
First( ), Second( ), Third( )를 정의합니다. 어떤 함수가 호출되는지를 구분하는 용도이므로 코드라고는 printf( )밖에 없습니다.

이번 예제는 출력결과가 중요합니다. 가장 먼저 등록한 함수가 마지막에 호출되었습니다. 당연히 main()는 먼저 종료되었습니다. 이것은 atexit()가 함수 포인터 배열을 스택(Stack) 자료구조에 저장한다는 뜻입니다. 함수 포인터를 단순 배열이 아닌 자료구조에 저장한다는 것이 이전과 다릅니다.

지금까지 C 언어의 표준 함수 중에 함수 포인터를 사용하는 대표적인 함수들을 살펴봤습니다. "이런 함수도 있었나?"할지도 모르겠지만, 이제라도 알게 됐다면 자주 쓰고 싶어질 만한 함수라는 것에는 동의할 것입니다.

함수 포인터는 가까운 곳에 있습니다. 경찰은 3분 거리에 있지만, 함수 포인터는 그보다 더 가깝게 있을 수도 있겠습니다.

▶ 연습 문제

1. 다음과 같은 문자열 배열이 있습니다. qsort( )를 사용해서 정렬된 배열을 만드세요.

```
char* words[] =
{
    "lemon", "tooth", "cup",      "pencil", "book",
    "cable", "coke",  "speaker", "white",  "traffic",
};
```

○ 출력결과

[원본] lemon tooth cup pencil book cable coke speaker white traffic
[정렬] book cable coke cup lemon pencil speaker tooth traffic white

2. bsearch( )는 이진 검색을 하기 때문에 쉽게 만들 수 있는 코드가 아닙니다. 그러나, 앞에서부터 차례대로 검색하는 선형 검색(Linear Search)은 누구나 작성할 수 있을 만큼 쉽습니다. 모든 자료형을 검색할 수 있는 선형 검색 함수를 만들고, 올바르게 동작하는지 검사하세요.

아래 출력결과는 1번 문제의 배열을 사용한 결과를 보여주고 있습니다. 똑같이 꾸밀 필요는 없지만, 다른 자료형에 대해서도 올바르게 동작하는지는 반드시 검사해야 합니다. 존재하지 않는 단어를 입력할 때까지 반복합니다.

○ 출력결과

[원본] lemon tooth cup pencil book cable coke speaker white traffic

| 입력 | lemon |
| 성공 | lemon |

| 입력 | traffic |
| 성공 | traffic |

| 입력 | book |
| 성공 | book |

| 입력 | cake |

Chapter 02

▶ 이 장의 개요

이번 장에서는 C++에서 함수 포인터가 어떻게 사용되는지 보여줍니다. C 언어와는 다른 언어이기 때문에 사용 방법에 있어서 많은 차이가 있습니다. 문법적으로 C 언어보다 완전하기 때문에 C 언어보다 어렵습니다. 그러나 코드를 가리킨다는 측면에서는 같기 때문에, C++를 공부했다면 완전한 이해는 아니어도 상당 부분 이해할 수 있을 거라고 봅니다. 이번 장을 이해하기 위해 C++를 배울 필요는 없고, C 언어를 벗어나서도 함수 포인터의 그늘을 벗어날 수 없다는 것을 느꼈으면 합니다.

▶ 이 장의 목표

1. 멤버 함수에 대해서 새롭게 등장한 함수 포인터 이해

2. 가상 함수를 가리키는 함수 포인터의 동작 원리에 대한 올바른 이해

멤버 함수 Member Function

C 언어를 배우고 나서 객체를 지향하는 C++를 배우는 것이 보통입니다. C++를 C 언어와 같다고 생각하는 분들도 있지만, 저는 완전히 다른 언어라고 생각합니다. 코드를 구성하는 방식과 적용하는 분야가 다르기 때문입니다.

C++의 객체는 클래스(class)의 형태로 나타납니다. 클래스는 구조체의 확장이라고 생각하면 되고, 멤버 변수 외에 멤버 함수까지 포장합니다. 멤버 함수는 같은 구조체에 포함된 변수에 선언 없이 접근할 수 있습니다. 멤버 변수는 클래스 범위 내에서 멤버 함수에겐 전역 변수와 다르지 않습니다.

함수 포인터를 설명하는데, 다른 언어이긴 하지만 C 언어의 연장선상에 있는 것은 틀림없습니다. 따라서 클래스에 포함된 멤버 함수의 포인터를 잠깐 보지 않을 수 없겠습니다. C++이기 때문에 파일 확장자는 반드시 cpp로 합니다. 주의하기 바랍니다.

참고로 C++를 설명하겠다는 의도는 전혀 없음을 알려드립니다. C++의 문법을 모르면 약간의 어려움이 있겠지만, 전혀 이해하지 못하는 경우는 없을 겁니다. C++의 문법 중에 간단한 것만 일부 사용했고, 대부분은 C 언어와 같습니다.

body_3_2_1.cpp

```cpp
1   #include <stdio.h>
2   #include <string.h>
3   #pragma warning(disable:4996)
4
5   class Book
6   {
7   private:
8       char title[32];
9       int price;
10      int page;
11
12  public:
13      Book(char* _title, int _price, int _page)
14      : price(_price), page(_page)
15      {
16          strcpy(title, _title);
17      }
18
19      void Input(void)
20      {
21          printf("[Input()]\n" );
22          printf("제목 : ");    scanf("%s", title);
23          printf("가격 : ");    scanf("%d", &price);
24          printf("쪽수 : ");    scanf("%d", &page);
25      }
26
27      void Output(void)
28      {
29          printf("[Output()]\n");
30          printf("제목 : %s\n", title);
31          printf("가격 : %d\n", price);
32          printf("쪽수 : %d\n", page);
33      }
34  };
35
36  void main(void)
37  {
38      Book book("태극문", 7500, 290);
39      book.Output();
```

```
40
41      void (Book::* InputBook)(void) = &Book::Input;
42      (book.*InputBook)();
43      book.Output();
44  }
```

출력결과

[Output( )]
제목 : 태극문
가격 : 7500
쪽수 : 290

[Input( )]
제목 : 생사박
가격 : 8000
쪽수 : 310

[Output( )]
제목 : 생사박
가격 : 8000
쪽수 : 310

코드설명

[1번째 줄]
C++이긴 하지만 멤버 함수 포인터만을 설명하므로 굳이 iostream과 같은 C++ 헤더 파일은 사용하지 않았습니다.

[5번째 줄]
Book 구조체를 정의합니다. 구조체와 마찬가지로 컴파일러에게 객체의 정보를 알려주는 역할을 합니다. 앞에 나왔던 BOOK 구조체의 멤버와 일부러 같게 만들었습니다.

13번째 줄에서 생성자를 정의합니다. 클래스 변수를 선언할 때 무조건 호출되는 함수로, 멤버 변수에 값을 쉽게 넣기 위해 추가했습니다. 19번째 줄의 Input( )는 입력을 담당합니다. 매개 변수가 없지만 멤버 변수가 있기 때문에 매개 변수를 넘겨받은 것처럼 동작합니다. 27번째 줄의 Output( )는 출력을 담당합니다.

함수 정의를 클래스 바깥에 별도로 할 수도 있었지만, 최대한 가볍게 만드는 것을 목표로 했기 때문에 전부 클래스 내부에 정의했습니다.

[38번째 줄]

Book 클래스 변수를 선언합니다. 생성자를 호출하기 때문에 ( ) 연산자가 들어가고 매개 변수가 넘어갑니다. 39번째 줄에서 초기값으로 전달한 데이터가 맞게 들어갔는지 확인합니다. 42번째 줄에서 입력을 받고, 43번째 줄에서 입력한 데이터가 맞게 들어갔는지 확인합니다.

[41번째 줄]

멤버 함수 포인터 변수를 선언합니다. 변수 이름은 InputBook이고 나머지가 자료형입니다. 이번에 만든 함수 포인터는 Book 클래스에 포함된 함수를 가리켜야 하므로, * 연산자의 왼쪽에 클래스와 범위(scope) 연산자(::)를 추가했습니다. 클래스 이름이 들어간 것을 제외하면 C 언어에서의 함수 포인터와 같습니다. 다만 C++에서 멤버 함수의 포인터를 전달할 때는 함수 이름 앞에 & 연산자를 붙여야 합니다. C 언어에서 사용하는 전역 함수에 대해서는 없어도 용납하지만 C++와 관련된 곳에서는 영락없이 에러입니다. Input( )가 Book 클래스에 속해 있으므로 역시 Book::를 추가했습니다.

[42번째 줄]

Output( )를 호출할 때 클래스 이름이 왼쪽에 있는 것처럼, 구조체에서 멤버 변수에 접근할 때와 같은 문법입니다. InputBook( )의 왼쪽에 클래스 변수와 점(.) 멤버 연산사가 옵니다. 힘수 포인디를 만들 때 & 연산자를 붙였기 때문에 사용할 때 * 연산자를 붙였습니다. 역시 * 연산자를 빠뜨리면 에러입니다. 오른쪽에 있는 ( ) 연산자보다 왼쪽 전체의 표현식이 먼저 해석되어야 하므로 전체를 ( )로 감싸야 합니다.

C++의 멤버 함수를 호출하기 위해서는 반드시 클래스(구조체) 변수가 있어야 합니다. 멤버 변수를 사용하지 않는 멤버 함수라면 필요없겠지만, 멤버 변수와 멤버 함수는 대부분 밀접하게 관련을 맺기 때문에 멤버 함수에서 사용할 변수를 넘겨받아야 합니다. C++에서는 데이터를 전달받는 방법의 하나로 멤버 변수를 사용합니다. 점(.) 연산자의 왼쪽에 클래스 변수(객체)가 올 수밖에 없는 이유입니다.

이번 예제에서 Book 클래스의 Input( )를 직접적으로 호출한 적이 없습니다. 그럼에도 Output( )로 결과를 확인하면, 올바른 입력이 일어났음을 볼 수 있습니다. 멤버 함수 포인터가 정확하게 동작했다는 뜻입니다.

가상 멤버 함수 **Virtual Member Function**

C++에서 가장 중요한 것을 하나만 선택해보라는 질문을 받는다면, 너나 할 것 없이 가상 함수(Virtual Function)를 뽑을 것입니다. 가상 함수는 이름과 자료형이 똑같은 함수가 여러 개 존재할 때 어떤 것을 가리키는지 정확하게 찾아주는 함수를 말합니다. C++는 상속(inheritance)과 다형성(polymorphism)을 지원하기 때문에 완전히 똑같은 함수가 여러 개 존재할 수 있습니다.

올바른 함수를 찾아주는 방법으로, C++는 멤버 함수 포인터를 사용합니다. 클래스의 첫 번째 멤버로, 이 멤버를 직접 볼 수는 없지만 메모리를 차지하는 가상 함수 테이블(배열)의 포인터를 저장합니다. 배열이 아닌 테이블이라고 부를 수밖에 없는 이유는 테이블에 저장된 멤버 함수들의 자료형이 다를 수 있기 때문입니다. 배열은 같은 자료형으로만 구성되어야 합니다. 서로 다른 자료형의 멤버 함수를 올바르게 호출하는 방법은 컴파일러마다 다르고, 표준으로 정의한 방법은 없습니다. 가상 함수 테이블의 위치 또한 어디든 될 수 있지만, 맨 앞에 놓는 것이 간명하고 구현하기 쉬운 것이지 역시 표준은 아닙니다.

C++는 상속으로 구성된 클래스들로부터 올바른 함수를 선택하기 위해 프로그램 실행 시간(runtime)에 가상 함수 테이블을 읽어서 연결해 줍니다. 어떻게 연결할까 궁금하다면 C++ 고급 서적을 보는 수밖에 없겠습니다. 그러나 분명하게 말할 수 있는 것은 함수 포인터의 활용이라는 점입니다. C++에서 가장 중요한 구성 요소에서도 함수 포인터를 사용한다는 사실, 꼭 기억하기 바랍니다.

여기서는 간략하게 가상 함수를 가리키는 멤버 함수 포인터가 정상적으로 동작한다는 것만 보여드립니다.

📥 **body_3_2_2.cpp**

```cpp
1   #include <stdio.h>
2
3   struct Parent
4   {
5       virtual void Test(void)
6       {
7           printf("부모 클래스 호출\n");
```

```
 8          }
 9     };
10
11     struct Child : public Parent
12     {
13          void Test(void)
14          {
15              printf("자식 클래스 호출\n");
16          }
17     };
18
19     void main(void)
20     {
21          Parent parent;
22          Child child;
23
24          void (Parent::*ParentFunc)(void);
25          void (Child::*ChildFunc)(void);
26
27          printf("[부모 클래스 함수 포인터 사용]\n");
28          ParentFunc = &Parent::Test;
29
30          (parent.*ParentFunc)();
31          (child.*ParentFunc)();
32
33          printf("\n[자식 클래스 함수 포인터 사용]\n");
34          ChildFunc = &Child::Test;
35
36 //       (parent.*ChildFunc)();
37          (child.*ChildFunc)();
38
39          printf("\n[자식을 부모 클래스 포인터에 치환]\n");
40          ParentFunc = (void (Parent::*)(void)) ChildFunc;
41
42          (parent.*ParentFunc)();
43          (child.*ParentFunc)();
44     }
```

⚙ **출력결과**

[부모 클래스 함수 포인터 사용]
부모 클래스 호출
자식 클래스 호출

[자식 클래스 함수 포인터 사용]
자식 클래스 호출

[자식을 부모 클래스 포인터에 치환]
부모 클래스 호출
자식 클래스 호출

⚙ **코드설명**

[3번째 줄]
상속에서 위쪽에 존재하는 부모 클래스를 정의합니다. 멤버는 가상 함수인 Test가 있습니다. 함수 앞에 virtual 키워드를 붙이면 가상 함수가 되고, 없으면 비가상 함수입니다.

[11번째 줄]
상속에서 아래쪽에 존재하는 자식 클래스를 정의합니다. 부모 클래스를 상속받았으므로 Child 클래스에는 두 개의 Test()가 존재하고, 이름과 자료형까지 똑같습니다. 출력 문자열로 어떤 함수가 호출됐는지 구분합니다. 일단 상속의 윗부분에서 가상 함수가 되면 이후로도 계속 가상 함수가 됩니다. virtual 키워드는 한 번만 나와도 됩니다.

[21번째 줄]
부모와 자식 클래스 변수를 각각 선언합니다. Test()에서 멤버 변수를 사용하지 않는다고 해도 멤버 함수를 호출할 때는 변수와 연결되어야 하므로 변수가 필요합니다.

[24번째 줄]
부모 클래스의 멤버 함수를 가리키는 함수 포인터와 자식 클래스의 멤버 함수를 가리키는 함수 포인터를 각각 선언합니다. 가상 함수를 검증하는 것이기 때문에 상속에 관련된 클래스이기만 하면 같은 결과가 나온다는 것을 보여주기 위해 따로 선언했습니다.

[27번째 줄]
부모 클래스의 함수를 부모 멤버 함수 포인터에 치환했습니다. 부모 변수에 붙여서 한 번, 자식 변수에 붙여서 한 번 확인합니다. 출력결과를 보면, 어떤 변수에 붙여 썼는지에 따라 다른 결과가 나왔습니다. 부모 클래스 변수면 부모 함수를 사용하고, 자식 클래스 변수면 자식 함수를 사용합니다. 분명 함수 포인터는 하나인데 서로 다른 결과가 나옵니다.

언제 어느 때 호출하더라도, 그리고 상속 고리에서 같은 함수가 여러 개 등장하더라도 항상 최신 함수(가장 아래쪽에 위치한 함수)를 호출하게 해주는 기술이 가상 함수입니다. 여러 개의 함수 중에서 하나를 선택하는 기술로, 함수 포인터 배열을 내부적으로 숨겼기 때문에 프로그래머는 복잡한 코드를 몰라도 됩니다. 현재 상황에서 어떤 함수가 호출된다는 것만 정확하게 이해하면 그만입니다.

[33번째 줄]

자식 클래스 멤버 함수 포인터인 ChildFunc로는 부모 클래스에 적용할 수 없습니다. 부모 클래스는 어떤 자식이 있는지 모르기 때문에 호출되어서는 안 됩니다. 지금 이 코드에서는 동작해도 될 거라고 생각하지만, Parent 클래스를 상속받은 다른 자식 클래스에 Test( )가 없다면 문제가 발생할 것입니다. 그래서 36번째 줄의 주석이 에러입니다.

[39번째 줄]

자식 클래스 멤버 함수 포인터를 부모 클래스 멤버 함수 포인터에 저장합니다. 자료형이 다르기 때문에 형변환을 필요로 합니다.

출력결과를 보면 첫 번째 출력결과와 같게 나왔습니다. 어떤 함수인지가 중요한 것이 아니라 어떤 변수를 사용하는지가 더 중요한 것이 가상 함수라는 사실을 알 수 있습니다.

상속 관계에서 부모를 자식 포인터로 치환하는 것은 다운캐스팅(downcasting), 자식을 부모 포인터로 치환하는 것을 업캐스팅(upcasting)이라고 부릅니다. 당연히 다운캐스팅은 불법이고, 업캐스팅은 적법입니다. 36번째 줄의 주석은 다운 캐스팅이 에러라는 것을 보여줍니다. 물론 이 경우에 형변환을 한다면 컴파일러 에러는 피할 수 있습니다. 그러나 잘못된 함수 호출에 대한 결과가 어떻게 나올지는 모릅니다.

비가상 멤버 함수 Non-Virtual Member Function

앞에서 나온 가상 함수를 비가상(Non-Virtual) 함수로 수정했습니다. 달라진 곳은 virtual 키워드를 제거한 곳, 한 줄입니다. 나머지는 수정하지 않았습니다.

```
     body_3_2_3.cpp

1    #include <stdio.h>
2
3    struct Parent
4    {
5        void Test(void)
6        {
7            printf("부모 클래스 호출\n");
8        }
9    };
10
11   struct Child : public Parent
12   {
13       void Test(void)
14       {
15           printf("자식 클래스 호출\n");
16       }
17   };
18
19   void main(void)
20   {
21       Parent parent;
22       Child child;
23
24       void (Parent::*ParentFunc)(void);
25       void (Child::*ChildFunc)(void);
26
27       printf("[부모 클래스 함수 포인터 사용]\n");
28       ParentFunc = &Parent::Test;
29
30       (parent.*ParentFunc)();
31       (child.*ParentFunc)();
32
33       printf("\n[자식 클래스 함수 포인터 사용]\n");
34       ChildFunc = &Child::Test;
35
36   //  (parent.*ChildFunc)();
37       (child.*ChildFunc)();
38
39       printf("\n[자식을 부모 클래스 포인터에 치환]\n");
```

```
40        ParentFunc = (void(Parent::*)(void)) ChildFunc;
41
42        (parent.*ParentFunc)();
43        (child.*ParentFunc)();
44    }
```

◯ 출력결과

[부모 클래스 함수 포인터 사용]
부모 클래스 호출
부모 클래스 호출

[자식 클래스 함수 포인터 사용]
자식 클래스 호출

[자식을 부모 클래스 포인터에 치환]
자식 클래스 호출
자식 클래스 호출

◯ 코드설명

[5번째 줄]
유일하게 수정한 코드가 있는 줄입니다. virtual 키워드를 생략했기 때문에 Test( )는 비가상 함수
가 됐습니다. 출력결과를 보면 변수에 상관없이 어떤 함수를 가리키는지로 결정됩니다. 처음에는
부모 클래스, 두 번째는 자식 클래스, 세 번째는 역시 자식 클래스의 Test( )에 연결되었으므로 출
력결과와 일치합니다. 가상 함수에서 두 번째 출력은 부모 클래스 호출이었습니다. 앞에 나왔던
출력결과와 비교해 보기 바랍니다.

가상 함수는 함수에 대한 연결이 컴파일 시간(Compile Time)에 일어나지 않고 실행 시
간(Run Time)에 일어납니다. 컴파일 시간에는 어떤 변수에 연결되었는지 결정하고, 실
행 시간에 연결된 변수에 들어있는 가상 함수 테이블을 뒤져서 호출합니다. 따라서 언제
나 정확하게 최근의 함수가 호출될 수밖에 없는 구조입니다.

반면 C 언어에서의 전역 함수와 C++의 비가상 멤버 함수는 컴파일 시간에 어떤 함수에
연결됐는지 결정되므로 실행 시간에 할 게 없습니다. 따라서 어떤 변수와 연결됐는지는
중요하지 않습니다. 가상 함수 테이블을 사용하지 않으니까요.

멤버 변수 Member Variable

정말 어렵다고 할지 모르지만 아직 하나 더 남았습니다. 멤버 함수 포인터를 멤버 변수로 갖게 되면 얘기치 않은 결과를 초래할 수 있습니다. 코드를 통해 알아봅시다.

📥 **body_3_2_4.cpp**

```cpp
1    #include <stdio.h>
2
3    struct Test
4    {
5        void (Test::* func)(void);
6
7        Test(void) : func(&Test::Print) {}
8
9        void Print(void)
10       {
11           printf("멤버 함수 호출 성공\n");
12       }
13
14       void Proxy(void)
15       {
16           (this->*func)();
17       }
18   };
19
21   void main(void)
22   {
23       Test test;
24
25       test.Proxy();
26       (test.*test.func)();
27   }
```

▶ **출력결과**

멤버 함수 호출 성공
멤버 함수 호출 성공

◯ **코드설명**

[3번째 줄]

Test 클래스를 정의합니다. 두 번째 클래스를 만들어서 확인할 수도 있지만, 멤버 함수 포인터이기만 하면 되므로 Test 하나로 해결했습니다.

[5번째 줄]

멤버 함수 포인터 멤버 변수인 func를 정의합니다. 반환값과 매개 변수는 없습니다.

[7번째 줄]

생성자를 정의합니다. 매개 변수는 없고, 9번째 줄에 정의된 Print 멤버 함수로 func를 초기화시킵니다.

[9번째 줄]

멤버 함수 포인터에 치환할 Print( )를 정의합니다.

[14번째 줄]

멤버 함수 포인터를 멤버 함수에서 사용할 때의 코드가 어떤지 보여주기 위한 Proxy( )를 정의합니다. 멤버 함수는 반드시 객체에 붙여서 호출해야 하므로 this 포인터가 필요합니다.

[26번째 줄]

멤버 함수가 아닌 외부 함수에서 내부 멤버 함수 포인터에 접근할 때 필요한 문법을 보여줍니다. test 변수가 두 번 나오고 있습니다. Proxy( )에서는 func가 클래스 안에 있기 때문에 한 번이 줄어듭니다. 다음은 될 것 같은 코드입니다.

```
(test.*func)( );
```

그러나, func라는 키워드는 클래스 멤버이기 때문에 독자적으로 존재할 수 없습니다. 멤버에 접근하기 위해서는 객체가 필요하므로 func에 대한 접근은 언제나 test.func가 되어야 합니다. 여기에 * 연산자가 붙어서 "Test 구조체 안의 func 멤버의 값"으로 해석됩니다. 어색하지만 test 변수가 두 번 등장하는 것이 맞습니다.

이런 코드를 어디에 쓸까요? 당장 다음 장에 나오는 연습 문제 2번에서 사용합니다. 멤버 함수를 콜백으로 구현하는 과정에서 본의 아니게 이번 코드를 선보입니다. 저는 이 코드를 봤을 때, 객체가 두 번 나와서 무척 재미있다고 생각했습니다. 여러분도 그러길 바랍니다.

앞에서는 그렇게 어렵지 않은 것처럼 얘기했지만, 실제로는 진짜 어렵습니다. 이 책을 쓰는 저 자신조차도 헷갈릴 때가 많아서 걱정입니다. C++를 이해하라는 것은 아니라고 말했습니다. 정말 다양하게 쓰이는 것이 함수 포인터라고 느끼길 바랄 뿐입니다. 함수 포인터는 피해갈 수 없는 주제입니다.

여기서 잠깐

함수 포인터를 사용하게 되면 간접 호출을 하기 때문에 호출에 따른 부담이 발생합니다. 따라서 직접 호출을 하는 경우보다 성능에서 떨어집니다. 그러나 C++에 나오는 인라인 함수를 사용하게 되면 함수 호출의 부담으로부터 벗어날 수 있습니다.

C++에 등장하는 템플릿에서 함수 포인터는 인라인 함수로 처리되지 않습니다. 그러나 이번 장에서 설명한 함수자는 인라인 함수로 처리되므로 함수 호출의 부담이 없습니다. 이 내용은 소스 코드를 어셈블리로 까서 일일이 확인하고 있는 강석문 동료 강사의 의견이었음을 알려드립니다. 제가 한 것이 아닌데 했다고 할 수가 없었습니다.

연습 문제

1. 자료형이 다른 함수가 세 개 있습니다. 다음이 그 예입니다.

```
void Hello(void);
void PrintNumber(int n);
void PrintArray(int* array, int size);
```

함수 포인터 배열을 선언해서 위의 함수들을 요소로 저장하여 호출하는 코드를 작성합니다. 위의 함수들에 들어가는 코드는 임의로 작성해도 되지만, 반드시 정상적으로 동작한다는 것을 증명해야 합니다.

여기까지가 앞에서 풀어본 문제입니다. 이 문제를 확장해서 C++에 맞게 함수 포인터를 구사하는 것이 이번 문제입니다. 아래의 출력결과는 이전 문제에서 봤던 것과는 조금 차이가 있습니다. 신경쓰지 마시고, C++답게 풀기만 하면 되겠습니다.

아래의 출력결과는 다양한 방법을 사용할 수 있다는 것을 보여줄 뿐입니다. "매개 변수2"는 반복문을 사용해서 푼 것일 뿐 "매개 변수1"과 다른 곳이 전혀 없습니다.

◐ 출력결과

```
[매개 변수1]
Hello( )
PrintNumber( ) [99]
PrintArray( ) [1 3 5 7 9 2 4 6 8 0]

[배열]
Hello( )
PrintNumber( ) [99]
PrintArray( ) [1 3 5 7 9 2 4 6 8 0]

[매개 변수2]
Hello( )
PrintNumber( ) [99]
PrintArray( ) [1 3 5 7 9 2 4 6 8 0]
```

2. 문자열 필터링(filtering)과 관련된 문제입니다. 다음과 같은 문자열 배열이 있을 때,

```
char words[5][32] = {"Hello", "TEST", "memory", "MiNoR", "AccesS"};
```

요소로는 전체가 소문자이거나 대문자인 문자열, 4문자부터 6문자까지의 길이를 갖는 문자열이 있습니다. 함수 포인터를 사용해서 나열한 조건에 맞는 문자열을 선택 출력하는 코드를 구현하세요.

A. 대문자 – 전체가 대문자인 문자열 출력
B. 소문자 – 전체가 소문자인 문자열 출력
C. 길이 – 길이가 일치하는 문자열 출력
D. 일치 – 같은 문자열을 찾아서 출력

"길이"와 "일치" 메뉴는 대문자나 소문자와 자료형이 다르기 때문에 약간의 편법을 사용해야 합니다. 무엇을 편법이라고 하는지는 모르겠지만, 일반적인 방법이 아닌 것만은 분명합니다. 참고하기 바랍니다.

여기까지가 앞에서 풀어본 문제입니다. 이 문제를 확장해서 C++에 맞게 함수 포인터를 구사하는 것이 이번 문제입니다. 1번 문제의 풀이에 단서가 있습니다. 반드시 1번 문제를 풀거나 이해한 다음에 풀어보도록 합니다.

> **◑ 출력결과**
>
> [전체]   Hello TEST Newyork21 1492 memory MiNoR AccesS
> [대문자]   TEST
> [소문자]   memory
> 정수 – 5
> [길이]   Hello MiNoR
> 문자 – E
> [검색]   Hello TEST Newyork21 memory AccesS

Chapter 03 STL

⠿ STL Standard Template Library

STL은 Standard Template Library의 약자로 C++의 표준 라이브러리입니다. C 언어처럼
함수들의 집합이 아닌 클래스 기반으로 구성된 라이브러리로 일반화 프로그래밍
(General Programming)의 선두주자라고 할 수 있습니다. 레고처럼 코드를 조립할 수 있
다면 믿으시겠습니까? 이미 만들어져 있는 코드를 조립해서 상상할 수 없는 표현의 세
계로 이끌어주는 것이 STL입니다.

맞습니다. 저는 STL에 매료됐습니다. 책도 한 권 냈습니다. 함수 포인터라는 주제로 책을
쓰게 된 계기가 바로 STL입니다. C 언어는 C++처럼 코드를 조립할 수 없는 것인지 무척
궁금했습니다. 억지로 꾸민다면 될 수도 있겠지만, 절대 자연스러운 구조로는 나오지 않
습니다. 문법적으로 지원하지 않는데 어떻게 나올 수 있겠습니까? 문이 없는 집에 들어가
려면 담을 넘는 것밖에 없듯이, 조립할 수 있는 문법을 C 언어는 지원하지 않습니다.

STL은 크게 4가지로 이루어졌습니다. STL에 포함된 코드는 자료구조를 기반으로 합니
다. 데이터가 많을 때, 효율적이고 쉽게 다루기 위해 만든 코드들이 자료구조입니다. 배열
과 같이 많은 데이터가 필요한 모든 상황에서 STL을 사용하면 훨씬 유리할 수 있습니다.

1. 컨테이너(Container)

배열처럼 많은 데이터를 저장할 수 있는 상자나 그릇(container)으로 생각하면 됩니다. 배열과 다른 점은, 컨테이너 안에는 함수도 함께 들어있기 때문에 컨테이너만으로도 많은 작업을 할 수 있다는 점입니다. 배열은 요소들을 다루기 위한 별도 코드를 제작해야 합니다.

동적 할당을 지원하는 벡터(vector), 목걸이(chain)와 같은 형태인 리스트(list), 자동 정렬되는 셋(set)과 맵(map), 검색 최강자인 해시(hash)가 여기에 들어갑니다. 종류가 많기 때문에 컨테이너 사용에서 가장 중요한 것은 "올바른 선택"이 됩니다. 잘못 선택할 경우 배열을 사용하는 것만큼은 아니겠지만 많은 수고를 할 수밖에 없습니다.

2. 반복자(Iterator)

C 언어의 포인터와 같은 개념입니다. 포인터는 한 가지 자료형만 표현할 수 있지만, 템플릿으로 무장한 반복자는 모든 자료형을 지원합니다. 반복자가 존재하는 이유는 다양한 컨테이너에 대해 일관된 코드를 제공하기 위해서입니다.

벡터 컨테이너의 모든 요소에 대해 반복하는 코드와 맵 컨테이너의 모든 요소에 대해 반복하는 코드가 STL에서는 같습니다. "같다"는 말은 반복자 클래스 변수를 선언하는 코드만 다를 뿐, 나머지 코드는 완전히 똑같다는 말입니다. 반복문에서 사용하는 변수 i의 자료형이 반복자마다 틀리긴 하지만, 코드는 "i=0, i++"처럼 같은 코드를 사용합니다. 그래서 벡터 컨테이너를 다룰 줄 알면 자연스럽게 나머지 컨테이너를 다룰 수 있는 기술까지 습득할 수 있습니다.

3. 알고리즘(Algorithm)

C 언어의 표준 함수처럼 C++에서 제공하는 표준 함수입니다. 컨테이너와 독립적으로 동작할 수 있고, 함수 기반이기 때문에 어디서나 호출할 수 있는 전역 함수입니다.

컨테이너는 클래스 기반이기 때문에 예제로 사용하기에는 적합하지 않다고 생각했습니다. 익숙한 함수 기반의 예제가 좋을 것 같아 이번 장의 예제는 모두 알고리즘으로 구현했습니다. 정렬과 검색, 섞기, 합계 등등 엄청난 함수들이 모인 곳이 알고리즘입니다.

알고리즘의 장점은 대부분의 컨테이너와 호환이 된다는 점입니다. STL은 자료구조를 기반으로 만들어졌다고 얘기했는데, 알고리즘 또한 많은 데이터에 대한 작업

을 지원하는 함수들로 구성됐습니다. 때문에 많은 데이터를 갖고 있는 컨테이너와
의 결합은 당연한 것입니다. 여기에 배열에 대해서도 컨테이너처럼 적용할 수 있
기 때문에 앞으로 나올 예제에서 보겠지만 컨테이너가 없어도 그 자체로 유용한
함수 모음입니다.

4. 함수자(Functor), 함수 객체(Function Object)

이 책을 집필하게 된 계기입니다. 알고리즘에 전달되는 함수 포인터라고 할 수 있
는데, 어떤 함수를 전달하느냐에 따라 너무 다른 결과가 나오는 것을 보고 함수 포
인터의 유용성에 눈을 떴습니다. 이후로 함수 포인터에 많은 시간을 투자했고, 이
렇게 집필까지 하게 됐습니다.

STL에는 미리 만들어놓은 함수자들도 있고, 이들 함수자를 결합해서 사용할 수
있는 보조 함수자(binder, adaptor)도 있습니다. 코드를 조립한다는 것이 무엇인지
보여주는 부분으로 일반화 프로그래밍의 진수를 여실히 보여주는 부분입니다.

이외에도 더 있지만, 위의 네 가지만 성확하게 이해한다면 STL을 사용하는 데 아무런 문
제가 없습니다. 저도 여기까지 이해했다고 생각하니까요. 추가로 표준에 포함되지 않은
부분까지 섭렵을 한다면, 비로소 대가(master)라는 수식어를 달고 다닐 수 있겠습니다.

간략하게 STL에 대해서 설명을 했고, 언급했던 것처럼 알고리즘을 사용해서 함수자를
사용하는 코드를 보도록 하겠습니다. 비교 함수와 같은 간단한 코드를 기존 코드와 어떻
게 결합하는지 보여드립니다.

( ) 연산자 Function Operator

C++는 멤버 함수 포인터 외에 클래스를 사용해서 함수처럼 사용할 수 있는 방법을 제공
합니다. C 언어의 전역 함수에 비해 많은 장점을 갖기 때문에 C++에서 함수 포인터를
얘기할 때는 이 방법을 말할 때가 많습니다. 물론, 단어 자체에 비중을 둔다면 멤버 함수
포인터일 수도 있겠지만, 원하는 코드를 호출한다는 관점에서 보면 클래스를 사용한 방
법이 깔끔하고 더욱 일반적입니다.

⬇ **body_3_3_1.cpp**

```cpp
 1  #include <stdio.h>
 2  #pragma warning(disable:4996)
 3
 4  struct PlusFunction
 5  {
 6      void operator()(void)
 7      {
 8          printf("operator() 호출\n");
 9      }
10  };
11
12  void TestPlusFunction(PlusFunction& func);
13
14  void main(void)
15  {
16      TestPlusFunction(PlusFunction());
17  }
18
19  void TestPlusFunction(PlusFunction& func)
20  {
21      func();
22  }
```

⊙ 출력결과

operator( ) 호출

⊙ 코드설명

[4번째 줄]
함수 포인터로 사용할 구조체를 정의합니다. 6번째 줄에서 ( ) 연산자를 붙여서 호출할 수 있는 operator( )를 정의합니다. 연산자 오버로딩으로 불리는 기술로, 알파벳 이름 대신 연산자를 함수 이름으로 사용할 수 있기 때문에 가독성에 좋습니다. 함수 포인터가 ( ) 연산자를 사용해서 함수를 호출하는 것처럼, 클래스도 ( ) 연산자로 이름 붙여진 함수가 있다면 ( ) 연산자로 호출할 수 있습니다.

[16번째 줄]
PlusFunction 구조체 변수를 만들어서 매개 변수로 전달합니다. 이름 오른쪽의 ( )는 생성자를

호출한다는 뜻입니다. 구조체 이름은 자료형일 뿐이므로 변수를 만들지 못합니다.

[19번째 줄]

TestPlusFunction( )는 PlusFunction 구조체 변수를 참조(reference)로 받기 때문에 복사 생성자는 호출되지 않습니다. 21번째 줄에서 약속했던 함수를 호출합니다.

    func.operator( )( );

이렇게 호출하는 것도 가능합니다. 이 함수의 이름은 ( )이지만 기존 연산자와 충돌이 발생하기 때문에 operator 키워드를 붙입니다. 그래서 실제 이름은 operator( )이 되고, 오른쪽에 ( ) 연산자를 붙여서 함수 호출이 됩니다. C++는 여러 가지 방식으로 함수를 실행하기 때문에 이를 통칭해서 함수자(Functor) 또는 함수 객체(Function Object)라고 부릅니다. 개인적으로 함수자라는 이름이 마음에 들기 때문에 이 책에서는 함수자라고 부르고 있습니다.

다음은 매개 변수가 있는 구조체 함수자입니다. 앞의 코드에 매개 변수만 추가했습니다.

📥 **body_3_3_2.cpp**

```
1    #include <stdio.h>
2    #pragma warning(disable:4996)
3
4    struct Add
5    {
6        int operator()(int n1, int n2)
7        {
8            return n1+n2;
9        }
10   };
11
12   int TestAdd(Add& func, int n1, int n2);
13
14   void main(void)
15   {
16       int n1 = 3, n2 = 5;
17       printf("%d + %d = %d\n", n1, n2, TestAdd(Add(), n1, n2));
18   }
19
```

```
20   int TestAdd(Add& func, int n1, int n2)
21   {
22       return func(n1, n2);
23   }
```

◐ 출력결과

3 + 5 = 8

◐ 코드설명

[4번째 줄]
함수자를 멤버로 갖는 Add 구조체를 정의합니다. 덧셈 코드를 내장했으므로 매개 변수는 두 개
가 됩니다.

[17번째 줄]
TestAdd( )를 호출할 때, 함수자가 포함된 구조체 외에 함수자가 사용할 매개 변수까지 함께 전
달합니다. C 언어에서 매개 변수를 갖는 함수 포인터를 전달할 때와 같습니다. 문법적으로 차이
가 나는 부분은 함수자의 경우 ( ) 연산자가 붙는다는 정도입니다. C 언어에서는 함수 이름만 있
었습니다.

[20번째 줄]
함수자가 포함된 구조체를 매개 변수로 받는 TestAdd( )를 정의합니다. 함수자를 호출할 때 구조
체와 함께 전달된 매개 변수를 함수자에 전달해서 합계를 구합니다.

( ) 연산자를 오버로딩해서 함수 포인터처럼 사용한다는 것이 굉장히 신기해 보일 것입
니다. 그러나, 문법에 맞게 정확하게 구현된 기술이기 때문에 달리 할말도 없습니다. 아
직까진 이 기술이 함수 포인터보다 낫다고 느낄지도 모르겠습니다. 두고 봅시다.

⠿ 상태 저장 Keeping Status

다음은 매개 변수를 처리하는 다른 방법입니다. 지금과 같은 코드에서는 어느 것을 쓰나
마찬가지이겠지만, 나중에는 다음 코드처럼 멤버 변수를 사용한 함수자를 더 많이 쓰게

될 것입니다. 멤버 변수를 사용해서 상태를 저장할 수 있고 결과도 돌려받을 수 있다는 것은 굉장한 장점입니다.

📥 **body_3_3_3.cpp**

```
1    #include <stdio.h>
2    #pragma warning(disable:4996)
3
4    struct AddPlus
5    {
6        int n1, n2;
7
8        AddPlus(int _n1, int _n2) : n1(_n1), n2(_n2) {}
9
10       int operator()(void)
11       {
12           return n1+n2;
13       }
14   };
15
16   int TestAddPlus(AddPlus& func);
17
18   void main(void)
19   {
20       int n1 = 3, n2 = 5;
21       AddPlus add(n1, n2);
22
23       printf("%d + %d = %d\n", n1, n2, TestAddPlus(add));
24   }
25
26   int TestAddPlus(AddPlus& func)
27   {
28       return func();
29   }
```

◐ **출력결과**

```
3 + 5 = 8
```

⊙ **코드설명**

[4번째 줄]

함수자를 포함하는 AddPlus 구조체를 정의합니다. 함수자는 매개 변수가 없지만, 생성자를 만들었고 여기에 합계에 사용할 매개 변수를 전달합니다. 일단 AddPlus 구조체 변수가 만들어지면, n1과 n2 멤버는 지정한 값으로 초기화됩니다. 10번째 줄의 함수자는 멤버 변수의 값을 더해서 반환합니다.

[21번째 줄]

함수에 전달하면서 객체를 생성하지 않고 별도로 구조체 변수를 선언했습니다. 23번째 줄에 변수만 전달되므로 코드가 가볍습니다. 그러나, 어떤 분은 한 번밖에 사용하지 않는 add 변수를 선언했기 때문에 싫어할 수도 있습니다. 저도 좋지 않게 생각하는 쪽입니다. 사용하지 않을 변수에 이름을 주는 것은 옳지 못하다고 봅니다.

별도의 변수를 만들지 않는다면 다음과 같은 코드가 나옵니다.

```
printf( "%d + %d = %d\n", n1, n2, TestAddPlus(AddPlus(n1, n2)) );
```

복잡한 코드가 나왔는데, AddPlus 생성자를 호출하면서 멤버 변수에 n1과 n2를 전달합니다. C++는 변수를 어느 곳에서나 만들 수 있고, TestAddPlus( )에 전달되기 전에 AddPlus 임시 변수가 만들어집니다.

[26번째 줄]

매개 변수로 전달된 구조체 내부에 필요한 데이터가 모두 설정된 상태이므로 TestAddPlus( )의 매개 변수가 단순합니다. 함수자를 호출할 때 매개 변수를 전달할 필요가 없습니다. 미리 전달했으니까요.

( ) 연산자 오버로딩 함수에서 어떻게 매개 변수를 없앨 수 있는지 봤습니다. C 언어에서는 전역 변수를 사용해서 문제를 해결합니다. strtok( ), strbrk( ) 등의 함수는 내부적으로 전역 변수를 사용합니다. 그러나, C++는 전역 변수와 다름없는 멤버 변수가 있기 때문에 코드의 일관성을 유지할 수 있고 버그가 발생할 확률도 낮습니다. C 언어는 함수를 호출하기 전에 전역 변수의 값을 설정해야 하는데, 깜박한다고 해서 문제가 발생하지 않습니다. 다만 프로젝트가 상당 부분 진행된 다음에 알게 되므로 엄청난 버그의 원인이 될 뿐입니다.

함수자 Functor

지금까지의 코드는 STL을 사용하기 위한 준비 작업이었습니다. 굳이 함수자가 아닌 함수 포인터를 사용해도 되지만, 함수자에 대한 설명을 뺄 수 없어 이번에 설명했을 뿐입니다.

body_3_3_4.cpp

```cpp
1   #pragma warning(disable:4996)
2   #include <iostream>
3   #include <algorithm>
4   #include <functional>
5   using namespace std;
6
7   enum {ARRAY_SIZE = 10};
8
9   void PrintElement(int n)
10  {
11      cout << n << ' ';
12  }
13
14  struct ToDouble
15  {
16      int operator()(int n)
17      {
18          return n*2;
19      }
20  };
21
22  void main(void)
23  {
24      int array[ARRAY_SIZE] = {0, 1, 2, 3, 4, 5, 6, 7, 8, 9};
25
26      cout << "최초 원본 : ";
27      for_each(array, array+ARRAY_SIZE, PrintElement); cout << endl;
28
```

```
29      generate(array, array+ARRAY_SIZE, rand );
30      cout << "난수 생성 : ";
31      copy(array, array+ARRAY_SIZE,
            ostream_iterator<int>(cout, " "));  cout << endl;
32
33      sort(array, array+ARRAY_SIZE);
34      cout << "정렬 오름 : ";
35      copy(array, array+ARRAY_SIZE,
            ostream_iterator<int>(cout, " "));  cout << endl;
36
37      sort(array, array+ARRAY_SIZE, greater<int>());
38      cout << "정렬 내림 : ";
39      copy(array, array+ARRAY_SIZE,
            ostream_iterator<int>(cout, " "));  cout << endl;
40
41      random_shuffle(array, array+ARRAY_SIZE);
42      cout << "난수 섞기 : ";
43      copy(array, array+ARRAY_SIZE,
            ostream_iterator<int>(cout, " "));  cout << endl;
44
45      transform(array, array+ARRAY_SIZE, array, ToDouble());
46      cout << "원본 변경 : ";
47      copy(array, array+ARRAY_SIZE,
            ostream_iterator<int>(cout, " "));  cout << endl;
48  }
```

◯ 출력결과

최초 원본 : 0 1 2 3 4 5 6 7 8 9
난수 생성 : 41 18467 6334 26500 19169 15724 11478 29358 26962 24464
정렬 오름 : 41 6334 11478 15724 18467 19169 24464 26500 26962 29358
정렬 내림 : 29358 26962 26500 24464 19169 18467 15724 11478 6334 41
난수 섞기 : 29358 15724 19169 11478 26500 24464 18467 41 6334 26962
원본 변경 : 58716 31448 38338 22956 53000 48928 36934 82 12668 53924

◯ 코드설명

[1번째 줄]
algorithm 헤더 파일에 포함된 transform( )에서 괜한 경고가 발생해서 맨 앞에 놓았습니다.

[2번째 줄]

C++에서 사용하는 입출력 헤더 파일(iostream)과 STL에서 사용하는 전역 함수(algorithm)와 간단한 비교 함수(functional)들이 들어있는 헤더 파일을 포함시킵니다.

C++ 표준 헤더 파일은 h 확장자가 없습니다. 만약 h 확장자를 본 적이 있다면 C 언어와의 호환을 위한 것이지 표준은 아니라는 사실을 명심하기 바랍니다.

[5번째 줄]

C 언어에서는 모든 것이 전역(global) 범위에 포함되지만, C++는 자신만의 고유한 범위를 갖기 때문에 std라는 이름 공간(namespace)에서 참조하겠다고 말합니다.

[9번째 줄]

요소 하나를 출력하는 PrintElement( )를 정의합니다. 함수 선언을 별도로 하는 것이 맞지만, 바로 아래 있는 함수자 클래스와 비교하기 위해 위에서 정의했습니다. cout 객체는 printf( )를 대신하는 출력 클래스입니다. 출력을 간결히 하기 위해 cout 객체를 사용한 관계로 이번 예제에서는 printf( )를 사용하지 않습니다.

[14번째 줄]

매개 변수로 전달된 값을 두 배로 부풀려서 반환하는 함수자를 멤버로 갖는 ToDouble 구조체를 정의합니다.

함수 포인터와 함수자를 모두 사용할 수 있다는 것을 보여주기 위해 PrintElement는 함수로, ToDouble은 구조체로 정의했습니다. C++에서는 통칭해서 함수자로 부르고, 어찌 됐든 실행할 수 있는 코드일 뿐입니다.

[24번째 줄]

10개의 요소를 갖는 배열을 선언합니다. 초기값으로 0부터 9까지의 정렬된 값을 줍니다. 27번째 줄에서 요소 하나를 출력하는 PrintElement( )를 사용해서 배열 전체를 출력했습니다.

for_each( )는 첫 번째와 두 번째 매개 변수가 가리키는 범위의 요소를 세 번째 매개 변수, 즉 함수자에 전달합니다. PrintElement( )가 반드시 함수일 필요는 없고, 구조체여도 됩니다.

[29번째 줄]

generate( )는 배열의 요소를 새로운 값으로 채웁니다. rand( )의 주소를 전달했으므로 난수로 채워집니다. 31번째 줄의copy( )는 배열을 복사하는 함수로 여기서는 모니터로 배열을 복사합니다. 다시 말해, 출력합니다. cout 객체를 이용하므로 화면에 출력되는 것입니다. copy( )에 전달된 매개 변수는 함수 포인터가 아니라 구조체 변수, 즉 함수자입니다. ( )가 있으니까요. 구조체 이름은 ostream_iterator〈int〉이고, 생성자의 매개 변수는 두 개(cout, " ")입니다. 〈int〉의 뜻은 자료형을 매개 변수로 받는다는 것인데, 자료형을 인식하기 때문에 qsort( )에서와 같은 void*가 C++에서는 나오지 않습니다. 이런 기능을 템플릿(template)이라고 부릅니다.

[33, 37번째 줄]

오름차순과 내림차순으로 정렬해 봅니다. 33번째 줄은 오름차순, 37번째 줄은 내림차순입니다. 내림차순의 경우 greater⟨int⟩라는 구조체를 사용합니다. 오름차순의 경우, 기본값으로 오름차순이므로 구조체를 전달하지 않습니다. greater⟨int⟩ 구조체에는 qsort( )를 설명할 때 만들었던 것과 같은 간단한 비교 코드밖에 없습니다.

[41번째 줄]

random_shuffle( )는 배열의 요소를 섞어버립니다. 카드나 화투에서 패를 섞을 때 활용합니다. sort( )의 반대로 동작합니다.

[45번째 줄]

transform( )는 배열 요소를 매개 변수로 받아서 새로운 값으로 가공을 해 다른 배열에 전달할 수 있습니다. 세 번째 매개 변수를 같은 배열로 지정하면 원본 배열이 수정됩니다. ToDouble 함수자 구조체를 사용했고, 배열 요소는 모두 두 배가 됐습니다.

이번 예제에서는 존재하는 코드와 새롭게 만든 코드를 섞어서 사용했습니다. 존재하는 코드로는 greater<int> 구조체가 있고, 새로 만든 코드로는 PrintElement()와 ToDouble 구조체가 있습니다. 어느 것을 사용하더라도 코드는 정확하게 동작합니다. 두 번째로 함수와 구조체를 섞어서 사용했습니다. PrintElement()는 27번째 줄에서, rand()는 29번째 줄에서, greater<int> 구조체는 37번째 줄에서, ToDouble 구조체는 45번째 줄에서 사용했습니다. 이 모든 것의 시작은 C 언어의 함수 포인터입니다. 함수 포인터만 할 수 있으면 다 할 수 있습니다. 느끼실 수 있을 것입니다.

지금까지 C++의 표준에 포함되어 있는 STL에서 함수 포인터를 적용한 사례를 봤습니다. 조금 더 보여줬으면 하는 것은 함수 포인터를 결합해서 사용하는 결합자(binder)입니다. 여러 개의 함수를 묶어서 한 가지 결과를 내는 데 사용합니다. 나중에 STL을 공부할 기회를 갖는다면 결합자에 대해서도 한번 보기를 권합니다.

이번 장으로 인해 STL에 흥미를 갖길 간절히 바랍니다. STL을 사용해 보고 책까지 쓴 저자로서 너무나 좋기 때문에 혼자만 알고 있어서는 안 된다고 생각합니다. 주변에 널리 알리는 역할까지 여러분에게 부여합니다. 먼저 C++를 공부하고 꼭 STL까지 공부하도록 합시다. 그러면 재미있는 코딩이 뭔지 느낄 수 있을 것입니다. 제가 그랬던 것처럼!

연습 문제

1. STL의 알고리즘에 포함된 `sort()`와 `binary_search()`를 사용하는 문제입니다. 다음은 자동차를 간략하게 표현하는 CAR 구조체입니다.

```
struct CAR
{
    string company;      // 회사
    string model;        // 모델명
    int    year;         // 생산연도
};
```

다음은 CAR 구조체 배열에 들어가는 초기값입니다.

```
CAR cars[10] =
{
    "BMW",       "Z4 Roadster", 2002,
    "GM",        "Cadillac",    1998,
    "기아",       "오피러스",     2006,
    "대우",       "레조",        2001,
    "도요타",     "Lexus ES",    2004,
    "삼성",       "SM3",         2007,
    "쌍용",       "카니발",      1999,
    "포드",       "Mustang",     2000,
    "크라이슬러", "PT Cruiser",  2005,
    "현대",       "싼타페",      2003,
};
```

위의 구조체를 `sort()`를 사용해서 모델명으로 정렬하고, `binary_search()`를 사용해서 특정 모델이 존재하는지 검사하세요. `binary_search()`는 존재 여부만 알려주기 때문에 검색 결과를 사용해서 CAR 구조체를 출력한다거나 하는 것은 불가능합니다. 출력결과를 참고하기 바랍니다.

> ○ **출력결과**
>
> [원본]
> | BMW | Z4 Roadster | 2002 |
> |-----|-------------|------|
> | GM | Cadillac | 1998 |
> | 기아 | 오피러스 | 2006 |

대우	레조	2001
도요타	Lexus ES	2004
삼성	SM3	2007
쌍용	카니발	1999
포드	Mustang	2000
크라이슬러	PT Cruiser	2005
현대	싼타페	2003

[정렬]

GM	Cadillac	1998
도요타	Lexus ES	2004
포드	Mustang	2000
크라이슬러	PT Cruiser	2005
삼성	SM3	2007
BMW	Z4 Roadster	2002
대우	레조	2001
현대	싼타페	2003
기아	오피러스	2006
쌍용	카니발	1999

[검색]

모델 : 오피러스

결과 : 성공

모델 : SM3

결과 : 성공

모델 : Cadillac

결과 : 성공

모델 : PT Cruiser

2. 클래스 멤버 함수의 포인터를 콜백(callback)으로 구현하는 문제입니다. 다음과 같은 메뉴가 있습니다.

0. 종료 1. 출력 2. 복사 3. 폴더

A. 출력 – 파일 이름을 입력받아서 해당 파일을 화면에 출력합니다.

B. 복사 – 파일을 복사합니다. 원본 파일과 목표 파일을 모두 입력받습니다.

C. 폴더 – 폴더의 내용을 출력합니다. 파일 복사가 올바르게 수행됐는지 검사하는 용도로 사용합니다.

일단 Menu 클래스를 만듭니다. SetCommand()는 실행할 명령을 설정하고, Run()는 설정된 명령(함수)을 실행합니다. 이때 SetCommand()에 전달되는 매개 변수는 반드시 클래스의 멤버 함수여야 합니다.

이번 문제는 직접 풀어볼 수도 있겠지만 조금 고민하다 답을 보는 것도 좋겠습니다. 흥미있는 주제이긴 하지만 너무 어렵습니다. 자력으로 풀 수 있다면 마스터(master)라는 칭호를 내려야 할까요? 아래의 출력결과는 복사와 폴더 메뉴만 실행한 결과이고, 출력 메뉴는 생략했습니다. 출력은 현재 작성하고 있는 소스 파일을 대상으로 해보면 되겠습니다.

출력결과

```
0. 종료 1. 출력 2. 복사 3. 폴더 - 3
 C 드라이브의 볼륨에는 이름이 없습니다.
 볼륨 일련 번호 : 48BE-E102

c:\Program Files\Microsoft Visual Studio\MyProjects\C_Plus_Test 디렉터리
[.]                                    [..]
C_Plus_Test.vcproj                     main.cpp
C_Plus_Test.ncb                        C_Plus_Test.sln
C_Plus_Test.vcproj.AP2114.김정훈.user   [Debug]
          5개 파일          1,445,814 바이트
          3개 디렉터리    2,225,438,720 바이트 남음
0. 종료 1. 출력 2. 복사 3. 폴더 - 2
원본 : main.cpp
목표 : temp.txt
** File::Copy() 호출 **
          1개 파일이 복사되었습니다.
0. 종료 1. 출력 2. 복사 3. 폴더 - 3
 C 드라이브의 볼륨에는 이름이 없습니다.
 볼륨 일련 번호 : 48BE-E102

c:\Program Files\Microsoft Visual Studio\MyProjects\C_Plus_Test 디렉터리
```

```
[.]                                          [..]
C_Plus_Test.vcproj                           main.cpp
temp.txt                                     C_Plus_Test.ncb
C_Plus_Test.sln                              C_Plus_Test.vcproj.AP2114.김정훈.user
[Debug]
           6개 파일              1,448,651 바이트
           3개 디렉터리    2,225,422,336 바이트 남음
0. 종료 1. 출력 2. 복사 3. 폴더 - 0
```

윈도우

▶ 이 장의 개요

이번 장에서는 Win32 API 프로그래밍에서 함수 포인터를 사용하는 사례를 봅니다. 가장 흔하게 사용하는 운영체제인 윈도우에 함수 포인터가 얼마나 밀접하게 관련되어 있는지를 보여줍니다. 윈도우 프로그래밍은 C 언어 기반으로 이루어지긴 했지만, 이 책에서 전체 코드를 언급하기에는 무리가 있기 때문에 활용 사례에 대해서만 언급합니다.

▶ 이 장의 목표

1. MFC에 등장하는 메시지 맵 매크로 구현 원리 이해

2. 운영체제에서 나타나는 함수 포인터에 대한 다양한 사례 확인

윈도우 프로시저 Window Procedure

C++까지 기본 과정을 이수한 다음에는 윈도우와 리눅스 중의 하나를 선택해서 응용프로그램의 계열로 들어갑니다. 기본 과정을 이수하게 되면 실질적인 결과를 내기 위해 특정 운영체제에 기반한 코딩을 할 수밖에 없습니다. 현시점에서는 대부분 윈도우 프로그래밍으로 나아갑니다. 리눅스는 사용자층이 엷기 때문에 그에 비례해서 사용할 수 있는 프로그램에도 한계가 있고, 사용자 편의성에 있어서 윈도우보다 많이 떨어진다고 생각합니다.

먼저 윈도우를 살펴보는데, 여기서 말하는 윈도우는 윈도우 운영체제에서 제공하는 함수들의 집합(Win32 API, Application Programming Interface)이라고 생각하면 됩니다.

콘솔(console) 환경에서의 C 언어는 `main()`로 시작하지만, 그래픽(graphic, window) 환경에서의 C 언어, 다른 말로 하면 Win32 API는 `WinMain()`로 시작합니다. Win32 API는 C 언어 기반으로 만들어졌기 때문에 클래스와 같은 객체는 운영체제에서 제공하지 않습니다. 이 말은 함수 포인터를 필요로 하는 API 함수에 구조체 함수자를 전달할 수 없다는 것을 뜻합니다. 그러나, 직접 만든 함수에 대해서는 함수 포인터도 되고 구조체 함수자도 되고, 모두 되는 것은 똑같습니다. C 언어 기반이라는 것은 운영체제가 제

공하는 기능이 C 언어를 바탕으로 한다는 것이지 클래스를 사용하지 못한다는 것은 아닙니다.

윈도우(window) 환경에서 동작하기 위해서는 윈도우를 생성해야 합니다. 윈도우를 생성하면 사용자로부터 입력을 받을 수 있고, 사용자에게 보여주기 위한 출력을 할 수도 있습니다. 각각의 윈도우는 입출력 등의 메시지(message) 또는 이벤트(event, 사건)를 처리하기 위한 별도의 함수를 갖고 있습니다. 이 함수를 부르는 이름은 윈도우 프로시저(Window Procedure)입니다. 모든 윈도우는 반드시 하나의 윈도우 프로시저와 연결되어야 합니다. 그렇지 않으면 윈도우에서 발생하는 이벤트를 처리할 수 없고, 일반 사용자는 이 상태를 "프로그램이 죽었다!"라고 표현합니다.

윈도우와 윈도우 프로시저를 연결하는 방법으로 WNDCLASS 구조체를 사용합니다. WNDCLASS 구조체의 lpfnWndProc 멤버에 윈도우 프로시저의 주소를 저장한 다음, 연결된 윈도우에서 이벤트가 발생할 때마다 저장된 윈도우 프로시저에 메시지를 전달합니다. 이벤트가 발생할 때마다 동작하기 때문에 윈도우 운영체제를 이벤트 기반(Event-Driven)의 운영체제라고 부릅니다.

```
LRESULT CALLBACK WndProc(HWND hwnd, UINT message,
                         WPARAM wParam, LPARAM lParam);
```

윈도우 프로시저의 선언입니다. 첫 번째 매개 변수는 윈도우 식별자(핸들, handle), 두 번째는 발생 이벤트에 따른 메시지, 세 번째와 네 번째는 메시지에 따라 달라지는 부수적인 데이터입니다.

프로그래머는 사용자가 마우스를 누를 때까지 기다릴 수 없기 때문에 WndProc()를 직접 호출할 수 없습니다. 마우스가 눌릴 때까지 기다린다는 것은 다른 작업을 전혀 하지 않고 대기한다는 것입니다. 마우스가 눌릴 때까지 말이죠. 콘솔에서 scanf()가 입력을 기다리고 있다고 생각해 보면 됩니다. 마우스가 눌리지 않아도 웹 브라우저(Web Browser)의 화면은 계속해서 자동으로 동작합니다. 이벤트가 없다고 아무 작업도 하지 않아야 하는 것은 아닙니다. 콘솔 환경하고는 많이 다릅니다.

윈도우와 윈도우 프로시저를 연결하는 이유는 해당 윈도우에서 이벤트가 발생했을 때 이벤트 처리를 운영체제에게 위임하기 위해서입니다. 직접 호출하지 못하므로 위임하는 수밖에 없습니다. 이벤트 처리 코드를 갖고 있는 함수가 윈도우 프로시저이고, 윈도우 프로그래밍에서 가장 큰 크기를 갖는 함수라면 당연히 윈도우 프로시저입니다. 앞에 붙어 있는 CALLBACK 키워드가 뜻하는 것이 호출 위임입니다. "되부름 호출"이라고도 하는데 굉장히 어색한 표현입니다.

콜백 함수는 "직접 호출할 수 없는 함수"를 뜻합니다. 이벤트가 언제 발생할지 모르기 때문일 수도 있고, 코드를 선택해야 할 수도 있고, 어떤 이유건 직접 호출하지 못하면 콜백 함수가 됩니다.

스레드 프로시저 Thread Procedure

다음 코드는 스레드(thread)가 무엇인지 보여줍니다. 스레드를 생성하는 함수가 C 언어 표준은 아니지만, 모든 컴파일러는 해당 운영체제에서 스레드를 만들 수 있는 방법을 반드시 제공합니다. 스레드는 다중 작업(multi-tasking)을 지원하는 가장 훌륭한 방법 중의 하나입니다.

body_3_4_1.c

```
1    #include <windows.h>
2    #include <stdio.h>
3    #include <conio.h>
4    #include <process.h>
5    #pragma warning(disable:4996)
6
7    void ThreadProc(void* pv);
8
9    void main(void)
10   {
11       printf("Press Any Key...\n");
12
13       _beginthread(ThreadProc, 0, NULL);
14       getch();
15   }
16
17   void ThreadProc(void* pv)
18   {
19       while(1)
20       {
21           putchar('.');
```

```
22              Sleep(100);
23          }
24  }
```

◯ 출력결과

Press Any Key...

....

◯ 코드설명

[1번째 줄]

windows.h 파일은 윈도우 프로그래밍에서 사용하는 대표적인 헤더 파일로 Win32 API 함수들에 대한 대부분의 선언이 들어있습니다.

[4번째 줄]

_beginthread( )의 선언은 process.h 파일에 들어있습니다.

[17번째 줄]

스레드에서 사용할 진입점(entry point) 함수를 정의합니다. main( )이나 WinMain( )을 스레드의 진입점이라고 얘기하는데, 이 말은 프로그램이 동작하면 최소한 하나의 스레드가 생성된다는 말입니다. 스레드가 세 개라면 세 가지 작업을 동시에 수행할 수 있습니다. 하나의 프로그램에서 음악도 재생하고 마우스 입력도 받고 화면 출력도 하는 등의 여러 가지 작업을 할 수 있습니다.

ThreadProc( )는 매개 변수를 사용하지는 않았고, 단순히 점을 무한 출력합니다. Sleep( )는 스레드를 잠깐씩 멈추는 함수로, 100을 전달했으므로 점을 출력할 때마다 1/10초 동안 멈춥니다. Sleep( )에 1000을 전달하면 현재 스레드가 1초 동안 실행을 멈춥니다.

[13번째 줄]

스레드를 생성하는 _beginthread( )를 호출합니다. 첫 번째 매개 변수는 함수 포인터로 새로운 스레드가 이 함수부터 시작하게 됩니다. getch( )로 main 스레드는 멈춰 있지만 화면에는 점이 출력됩니다. getch( )를 통한 입력과 putchar( )를 통한 출력이 동시에 진행되고 있는 것입니다. 스레드는 만들어지자마자 실행되지 않습니다. 현재 실행 중에 있는 스레드가 자신의 CPU 시간을 모두 사용해야 다음 스레드로 넘어가기 때문에, 만들어지고 나서 잠시나마 대기하는 것은 피할 수 없습니다. 스레드 코드가 사용되는 시점은 운영체제 상황에 따라 달라지는데, 어찌 됐든 직접 호출할 수는 없습니다. 당장 호출해서 사용하는 것이 아니니까요. 스레드 환경을 구축한 다음에 진입 함수를 호출해야 합니다. 절대 직접 호출할 수 없습니다.

윈도우가 됐건 리눅스가 됐건, 어딜 가건 스레드는 중요합니다. 스레드를 시작하게 하는 스레드 프로시저를 활용하는 방법 또한 함수 포인터입니다.

MFC Microsoft Foundation Class

윈도우 응용프로그래밍에는 Win32 API 외에도 MFC(Microsoft Foundation Class) 프로그래밍이 존재합니다. Win32 API에 포함된 함수들을 영역별로 묶어서 클래스로 정리해 놓았다고 생각하면 됩니다. 여기에 응용프로그램을 만들기 위한 프레임워크(framework)와 Win32 API에는 없는 기능들이 보강되어 있습니다.

MFC는 Win32 API에 대해 많은 장점을 갖습니다. 첫 번째는 응용프로그램을 구성하기가 아주 쉽습니다. 버튼만 눌러도 기본 형태의 프로그램을 구성할 수 있습니다. 여기에 약간의 살을 붙여서 프로그램을 완성하는 구조입니다. 두 번째는 앞서 말했듯이 Win32 API에는 없는 기능들이 개발자가 사용하기 편한 방식으로 추가되었습니다. 세 번째는 클래스(Class) 기반이기 때문에 함수 기반의 Win32 API보다 사용하기 쉽고 버그가 발생할 확률이 적습니다.

단점도 있습니다. 첫 번째는 Win32 API에 비해 성능이 현격하게 떨어집니다. MFC로는 성능을 요구하지 않는 프로그램을 제작하는 것이 보통입니다. 두 번째는 모든 기능이 클래스 내부에 숨겨져 있기 때문에 깊이 들어가게 되면 오히려 어려워질 수 있습니다. Win32 API는 프로그래머가 모든 것을 코딩하기 때문에 숨겨져 있는 것이 있을 수 없습니다. MFC는 프레임워크를 비롯해서 Win32 API에 없는 부분에 대해서는 모두 코드를 제공하고 있습니다. 세 번째는 윈도우 프로그램을 MFC만으로 구성할 수 없는 경우가 있습니다. Win32 API의 모든 함수를 클래스로 만들 수는 없기 때문에 그 중에서 많이 사용하는 것들에 대해서만 클래스로 처리했습니다. 따라서 시스템과 관련된 특별한 기능이 필요하다면 어쩔 수 없이 Win32 API를 직접 호출해야 합니다.

MFC는 윈도우 프로그래밍에 반드시 등장하는 윈도우 프로시저를 클래스로 변환시켰습니다. 윈도우 프로시저를 클래스의 멤버 함수로 만들지 못한다면 클래스 기반이라는 말이 무색할 수밖에 없는데, MFC는 성공적으로 C++의 문법 안으로 윈도우 프로시저를 넣었습니다. 이때 사용한 기술이 멤버 함수 포인터이고, 처리할 메시지가 여러 개이기 때문에 배열을 사용합니다.

여기서는 간단하게 MFC에서 윈도우 프로시저를 포장한 기술인 메시지 맵(Message Map)을 어떻게 만들 수 있는지에 대해서 보겠습니다. 결국은 배열과 관련된 문제이므로 함수 포인터가 이해된다면 매크로를 구성하는 방법만 봐도 충분하겠습니다.

body_3_4_2.c

```
1   #include <stdio.h>
2
3   typedef void (* mfcfunc_t)(void);
4
5   #define BEGIN_MESSAGE_MAP(array) mfcfunc_t array[] = {
6   #define END_MESSAGE_MAP             };
7   #define MESSAGE_HANDLER(func)   ((mfcfunc_t) func),
8
9   void OnSize(int cx, int cy);
10  void OnPaint(void);
11  void OnLButtonDown(int x, int y, int flag);
12
13  void main(void)
14  {
15      BEGIN_MESSAGE_MAP(FuncArray)
16          MESSAGE_HANDLER(OnSize)
17          MESSAGE_HANDLER(OnPaint)
18          MESSAGE_HANDLER(OnLButtonDown)
19      END_MESSAGE_MAP
20
21      ((void (*)(int, int)) FuncArray[0])(100, 200);
22      FuncArray[1]();
23      ((void (*)(int, int, int)) FuncArray[2])(30, 120, 0);
24  }
25
26  void OnSize(int cx, int cy)
27  {
28      printf("OnSize 윈도우 크기 변경[%d, %d]\n", cx, cy);
29  }
30
31  void OnPaint(void)
32  {
33      printf("OnPaint 윈도우 다시 그리기\n");
34  }
```

```
35
36    void OnLButtonDown(int x, int y, int flag)
37    {
38        printf("OnLButtonDown 마우스 클릭[%d, %d]\n", x, y);
39    }
```

◐ 출력결과

OnSize – 윈도우 크기 변경[100, 200]
OnPaint – 윈도우 다시 그리기
OnLButtonDown – 마우스 클릭[30, 120]

◐ 코드설명

[5번째 줄]
배열을 선언하는 시작 매크로(BEGIN_MESSAGE_MAP)와 종료 매크로(END_MESSAGE_MAP)를 정의합니다. define문은 무엇이는시 내제하기 때문에 힘수가 아닌 어떤 것을 오른쪽에 넣이도 괜찮습니다.

3번째 줄에서 정의한 함수 포인터 자료형을 5번째 줄에 있는 define문의 오른쪽에 넣었으므로 이 코드는 배열 선언의 앞부분에 해당합니다. 6번째 줄은 배열을 종료하는 코드를 넣었고, 문장을 종료하는 세미콜론(;)까지 넣었으므로 이들 매크로를 사용할 때는 마지막에 세미콜론을 넣을 필요가 없습니다. 5번째 줄에서 배열의 크기를 알 수 없기 때문에 [ ]의 안쪽을 비워두었습니다.

이들 매크로 이름은 MFC에서 사용하는 메시지 맵 매크로의 이름을 그대로 가져왔지만, 이 코드는 클래스 기반이 아니기 때문에 내부 원리는 많이 다릅니다. 특히 BEGIN_MESSAGE_MAP 매크로에 전달된 이름의 경우, MFC에서는 클래스 이름이지만 여기에서는 배열에 사용할 이름으로 처리했습니다. MFC와 비교하기 위한 코드이므로 이름이라도 전달해서 조금이라도 비슷하게 꾸며봤습니다.

[7번째 줄]
MFC에서는 각각의 메시지 처리 함수(메시지 핸들러, Message Handler)에 대해 별도의 매크로를 정의합니다. 그러나, 여기서는 동작 원리를 보여주는 것뿐이므로 MESSAGE_HANDLER라는 매크로 하나만 정의해서 모든 함수에 사용합니다.

MESSAGE_HANDLER 매크로는 함수 이름을 전달받고, 전달받은 이름에 대해 기본 함수 자료형으로 형변환을 합니다. 메시지마다 전달되는 매개 변수가 다르기 때문에 기본 함수 자료형으로 통일하지 않으면 배열을 구성할 수 없습니다. 이 매크로는 배열의 요소를 구성합니다. MESSAGE_HANDLER 매크로가 5번 나오면 5개 크기의 배열이 구성됩니다. 참, 매크로 마지막에 쉼표(,)가 있습니다. 배열의 요소로 들어가기 때문에 각각을 구분하기 위해 필요합니다.

[15번째 줄]

메시지 맵 매크로를 사용해서 배열을 선언합니다. 메시지 맵 매크로의 구성 원리를 모르는 사람은 배열 선언으로 보이지 않습니다. 그러나 굳이 배열 여부를 몰라도 사용하는 규칙을 알고 있으면 아무런 지장이 없습니다.

매크로는 반드시 BEGIN_MESSAGE_MAP과 END_MESSAGE_MAP 매크로의 쌍으로 구성되어야 합니다. 이들 매크로 사이에는 MESSAGE_HANDLER 매크로가 와야 하고, 괄호 안에는 함수 이름을 넣습니다. BEGIN_MESSAGE_MAP 매크로에 전달되는 이름은 배열 이름으로 사용되므로 이 코드에서는 반드시 기억하고 있어야 합니다.

[21번째 줄]

배열 요소로 넣은 함수를 호출합니다. 각각의 요소가 다른 자료형이므로, 호출할 때마다 해당 함수에 맞도록 형변환을 합니다. 각각의 함수는 자료형이 모두 다르므로 typedef 키워드로 정의하기가 어렵습니다. 그러나, MFC와 같이 모든 코드의 기본이 되는 라이브러리라면 개수가 많더라도 정의해서 사용하는 것이 좋습니다. 많다는 것은 번거롭다는 것이지 할 수 없다는 것이 아닙니다.

이 코드는 근본적인 문제점이 있습니다. 배열 요소로 어떤 함수를 넣었는지 기억하지 못하면 형변환을 할 수 없고 호출할 수 없습니다. MFC에서는 구조체를 사용해서 이 문제를 해결합니다. 함수 포인터 배열을 만드는 것이 아니라 함수 포인터를 멤버로 갖는 구조체 배열을 만듭니다. 이 구조체 안에는 해당 함수의 반환값과 매개 변수에 대한 정보를 갖는 멤버가 있어 이 멤버에 따라 형변환을 해서 호출하도록 되어 있습니다.

여기서는 형변환을 할 수만 있다면 올바른 호출도 가능하다는 것만 보여줍니다.

[26, 31, 36번째 줄]

26번째 줄은 WM_SIZE 메시지를 처리하는 함수를 흉내낸 OnSize( ), 31번째 줄은 WM_PAINT 메시지를 흉내낸 OnPaint( ), 36번째 줄은 WM_LBUTTONDOWN 메시지를 흉내낸 OnLButtonDown( )를 정의합니다.

이들 함수의 매개 변수는 MFC에서 사용하는 함수와 조금 다르지만 대부분은 비슷합니다. OnSize( )는 윈도우 크기를 나타내는 너비와 높이를, OnLButtonDown( )는 마우스 클릭 좌표인 x축과 y축 좌표를 받습니다. OnPaint( )는 디바이스 컨텍스트(Device Context)라는 객체를 받는데, 여기서는 생략했습니다. 참, OnLButtonDown( )의 flag 매개 변수는 클릭하는 시점에서 어떤 키를 누르고 있었는지를 알려줍니다. 여기서는 필요가 없어 사용하지 않았습니다.

놀랍게도 실전에서 가장 많이 사용하는 MFC 또한 함수 포인터를 사용하고 있습니다. MFC를 잘 만들어졌다고 얘기하는 것 중의 하나가 함수 포인터 배열과 같은 어려운 내용을 프로그래머에게 노출시키지 않았을 뿐만 아니라 배열의 크기를 최소한으로 유지했다는 점입니다. 굳이 모르고 사용할 수 있다면 모르는 것이 좋습니다. 함수 포인터를 아는 것과 모르는 것 사이에 어떤 차이도 없다면 알게 할 필요가 없는 것입니다. 참 잘 만들어진 클래스 라이브러리입니다.

닷넷 2005의 경우에는 이들 매크로가 한층 더 세련되어졌습니다. 이전에는 매크로의 길이라든가 위치에 있어서 문제가 많았습니다. 덕분에 매크로를 제외한 나머지 코드를 읽기가 어려웠었는데, 이제는 매크로가 있는지 없는지 구분이 가지 않을 정도입니다. 궁금하신 분은 닷넷 2005 컴파일러를 사용해서 MFC 매크로를 추적해 보기 바랍니다. 추적해 보는 것만으로도 C++에 대한 실력이 일취월장할 것임을 장담합니다.

드라이버 Driver

리눅스나 윈도우 모두 하드웨어를 제어하는 프로그램을 드라이버(driver)라고 부릅니다. 최근 들어 유행처럼 사용하는 USB 프로그램이 드라이버의 일종입니다. 이들 드라이버에 포함된 함수는 직접 호출한다는 것이 이상할 정도로 콜백 함수가 판을 칩니다.

드라이버를 구성하는 필수 요소로 `DriverEntry()`와 디스패치 루틴(dispatch routine)이 있습니다. `DriverEntry()`는 드라이버가 메모리에 적재되고 나서 최초로 호출되는 함수로, `main()` 또는 `WinMain()`와 같은 역할을 하는 진입 함수입니다. 현재 드라이버에 필요한 데이터를 초기화하는 역할을 담당합니다. 디스패치 루틴은 IRP(I/O Request Packet)를 처리할 수 있는 콜백 코드를 갖고 있는 함수로 윈도우 프로시저에 해당합니다. 모든 메시지를 처리하는 코드가 윈도우 프로시저에 있는 것처럼 드라이버가 처리해야 할 모든 작업이 디스패치 루틴에 있습니다. 윈도우 메시지처럼 디스패치 루틴에서 처리할 작업도 표준으로 이미 정의되어 있습니다. 어떤 작업을 처리할 것인지 알려주기만 하면 됩니다.

`DriverEntry()`는 언제 적재될지 알 수 없고, 나 자신이 메모리에 없는 상태에서 나 자신의 코드를 호출할 수 없으므로 운영체제(커널)에 의해 호출될 수밖에 없는 콜백 함수입니다. 같은 관점에서 얘기한다면 `main()`와 `WinMain()` 또한 콜백 함수입니다. 디

스패치 루틴에서 처리할 작업은 언제 발생할지 알 수 없으므로 커널이 감시하고 있다가 처리할 작업이 생기면 알려줍니다. 따라서 커널에 호출을 위임할 수밖에 없는 콜백 함수입니다.

이외에도 정의해 놓은 많은 콜백 함수들이 있습니다. 장치(device)라는 하드웨어는 산업 표준에 맞게 제작되므로, 표준에 따른 행동 양식들이 이미 정의되어 있습니다. 당연히 이들을 처리하는 콜백 함수도 정의해 놓는 것이 편하고 일관성이 있으므로 모두 정의되어 있는 상태입니다. 드라이버를 메모리에서 제거하는 Unload(), IRP를 취소하는 Cancel() 등등 굉장히 많은 콜백 함수들이 존재합니다.

어찌 됐든 드라이버라는 세계는 콜백 함수로 시작해서 콜백 함수로 끝납니다. 함수 포인터를 모르면 시작도 할 수 없는 곳이 드라이버라고 생각합니다. 드라이버에 대한 코드를 보여주면서 설명하면 좋겠지만 예제 구성하기도 어렵고, 동작하는 모습을 추적하기도 어려워서 생략합니다.

드라이버는 아니지만 연관된 작업으로 Win32 API 함수 호출이 있습니다. 많은 함수들이 놀랍게도 내부적으로 미리 연결해 놓은 콜백 함수를 호출합니다. 파일을 읽는 작업은 하드 디스크와 연동해야 하므로 결국 드라이버 수준의 코드가 필요하게 됩니다. ReadFile()를 호출하는 것은 파일을 읽어오는 콜백 함수를 내부적으로 호출하는 코드일 수밖에 없습니다. 커널(Kernel) 내부로 들어가면 드라이버가 아니더라도 직접 할 수 없는 일들이 너무 많아서 놀라게 될 것입니다.

타이머(Timer) 프로시저도 있습니다. WM_TIEMR 이벤트는 주기적으로 발생하는데, 이 이벤트를 처리하는 함수가 타이머 프로시저입니다. 타이머를 설치할 때 함수 포인터를 전달하면 매 주기마다 전달한 함수를 내부에서 호출합니다. 다만 WM_TIEMR 이벤트는 타이머 프로시저를 사용하지 않고 처리할 수 있는 방법이 있기 때문에 질적으로는 구현하지 않는 것이 보통입니다. 그런 걸 보면 함수 포인터가 어려운 것이 아니라 별도 함수를 만들어야 하는 것이 귀찮은 것 같습니다. 사실 저도 귀찮아서 함수를 만들고 싶지 않을 때가 많습니다.

이번 장에서는 윈도우뿐만 아니라 운영체제 차원에서 너무도 많은 콜백 함수를 사용하고 있음을 보여줬습니다. 함수 포인터에 대한 개념만 잡아도 기본 과정을 벗어났을 때 가장 복잡하다고 알려진 코드에 쉽게 접근할 수 있습니다. 스레드가 됐건 드라이버가 됐건 함수 포인터부터 시작합니다.

▶ 연습 문제

1. 없습니다. 윈도우 프로그래밍은 이 책의 범위를 벗어난 곳에 있고, 가장 쉽게 볼 수 있는 함수 포인터가 스레드인데 본문에서 잠깐 본 것으로 문제를 풀기에는 어폐가 있습니다. 스레드를 공부하고 싶다면 윈도우 프로그래밍 고급 서적이나 리눅스에서 POSIX(Portable Operating System Interface for Computer Environment)라는 제목이 붙은 서적을 참고하기 바랍니다.

2. 없습니다. 드라이버는 스레드보다 어려울 수 있습니다. 하드웨어를 직접 건드리는 경우가 많은데, 하드웨어의 특징을 이해해야 코딩할 수 있기 때문에 일반 응용프로그래밍과는 전혀 다른 길입니다. 드라이버에 관해 궁금한 내용은 WDM(Window Driver Model)이라는 제목이 붙은 서적을 참고하기 바랍니다.

Chapter 05

리눅스

친절한 김쌤의 **함수 포인터** 강의

➡ 이 장의 개요

이번 장에서는 개발자들의 운영체제인 리눅스(Linux)에서 함수 포인터를 사용하는 사례를 봅니다. 전세계로부터 인정받은 운영체제에서도 함수 포인터를 놀랄 만큼 많이 사용하고 있다는 것을 보여드립니다. 다만 책 자체가 윈도우 기반이기 때문에 동작하는 코드를 보여줄 수는 없습니다. 가볍게 읽어보시기 바랍니다.

➡ 이 장의 목표

1. 함수 포인터를 멤버로 갖는 진짜(real) 구조체의 장점과 단점 이해

2. Qt 라이브러리에 사용하는 진보적인 함수 포인터 사례 확인

함수 포인터 구조체 Function Pointer struct

소스 코드의 천국, 리눅스! 운영체제의 소스 코드가 공개되어 있다는 것이 믿겨지지가 않습니다. 더 놀라운 것은 너무 많아서 어디서부터 찾아봐야 할지 막막하다는 것!

리눅스 커널 내부에서 사용하는 구조체에는 함수 포인터만 멤버로 있는 구조체가 상당히 많습니다. 함수 포인터 멤버만으로 구성된 코드를 앞에서 일부 언급했음에도 불구하고 여전히 궁금할 것입니다. 그래서 이번에는 함수 포인터만으로 구성된 간단한 구조체를 만들어 보겠습니다. 지금 만든 간단한 코드로는 리눅스의 코드를 완전히 이해하는 것은 불가능합니다. 다만 동작 원리를 이해하길 바랄 뿐입니다.

📥 **body_3_5_1.c**

```
1   #include <stdio.h>
2   #pragma warning(disable:4996)
3
4   struct book_operations
5   {
6       void (* input)(struct book* pBook);
```

```
 7          void (* output)(const struct book* pBook);
 8    };
 9
10    struct book
11    {
12          char title[32];
13          int price;
14          int page;
15
16          struct book_operations* pBook_op;
17    };
18
19    void input(struct book* pBook);
20    void output(const struct book* pBook);
21
22    void main(void)
23    {
24          struct book_operations book_op = {input, output};
25          struct book first_book =
              {
                   "리눅스시스템 프로그래밍", 35000, 930, &book_op
              };
26
27          first_book.pBook_op->output(&first_book);
28
29          first_book.pBook_op->input(&first_book);
30          first_book.pBook_op->output(&first_book);
31    }
32
33    void input(struct book* pBook)
34    {
35          printf("[입력]\n");
36          printf("제목 : ");    scanf("%s",  pBook->title);
37          printf("가격 : ");    scanf("%d", &pBook->price);
38          printf("쪽수 : ");    scanf("%d", &pBook->page );
39    }
40
41    void output(const struct book* pBook)
42    {
```

```
43        printf("[출력]\n");
44        printf("제목 : %s\n", pBook->title);
45        printf("가격 : %d\n", pBook->price);
46        printf("쪽수 : %d\n", pBook->page );
47   }
```

출력결과

[출력]

제목 : 리눅스 시스템 프로그래밍

가격 : 35000

쪽수 : 930

[입력]

제목 : 네트워크

가격 : 23000

쪽수 : 610

[출력]

제목 : 네트워크

가격 : 23000

쪽수 : 610

코드설명

[4번째 줄]

input과 output 함수 포인터를 멤버로 갖는 book_operations 구조체를 정의합니다. 책과 관련된 기능을 제공하므로 이들 함수는 book 구조체를 매개 변수로 받습니다. 리눅스 소스 코드에서는 typedef 키워드를 사용하지 않으므로 여기서도 사용하지 않습니다. 또한 윈도우처럼 이름을 대문자로 만들지도 않습니다. 언제나 소문자만 사용하고, 단어를 연결할 때는 밑줄(_) 문자를 사용합니다. operations 접미사는 리눅스에서 함수 포인터 구조체에 대해 붙이는 관용어입니다.

[10번째 줄]

book 구조체를 정의합니다. 마지막 멤버로 자신(book 구조체)에 대한 기능을 저장하고 있는 book_operations 구조체의 포인터를 멤버로 갖습니다.

[24번째 줄]

book_operations과 book 구조체 변수를 선언하고 멤버를 초기화합니다. first_book 변수의 마지막 멤버에 앞에서 선언한 book_op 변수의 주소가 넘어가서 데이터(book)와 함수(book_operations)가 연결됩니다.

[27, 29번째 줄]

27번째 줄에서 초기화된 값이 올바로 출력되는지 검사하고, 29번째에서 input 함수 포인터도 동작하는지 확인합니다. 마지막에 있는 함수 포인터에 접근하기 위해 점(.)과 화살표(-)) 멤버 연산자를 골고루 사용하고 있습니다. book 구조체의 pBook_op 멤버는 포인터 변수이므로 -) 연산자를 사용하는 것이 맞습니다. 다만 예전에 봤던 것처럼, 표현식의 처음과 마지막(함수 매개 변수)에 first_book이 각각 나오는 게 특별합니다. 객체도 아닌 것이 객체 흉내를 내기 때문에 생기는 부작용입니다.

간단한 코드였습니다. 함수 포인터 멤버만으로도 구조체를 구성할 수 있다는 것을 보여주긴 했지만, 단지 다음에 나올 코드의 준비일 따름입니다. 이제 리눅스 커널에서 어떻게 사용하고 있는지 진짜 복잡한 코드를 보겠습니다.

inode 구조체 inode struct

inode 구조체는 리눅스 커널이 파일이나 디렉터리를 관리하기 위해 필요한 정보를 저장합니다. 이후에 나오는 리눅스 커널의 fs.h 파일에 들어있습니다. 참고로 fs.h 파일은 이 책에 나온 소스 코드가 있는 곳에 같이 넣어두었습니다. 겨우 2,000줄을 조금 넘을 뿐이니까 직접 열어서 어디에 있는지 찾아보는 것도 좋겠습니다.

```
struct inode
{
    struct hlist_node        i_hash;
    struct list_head         i_list;
    struct list_head         i_sb_list;
    struct list_head         i_dentry;
    unsigned long            i_ino;
    atomic_t                 i_count;
    unsigned int             i_nlink;
    uid_t                    i_uid;
    gid_t                    i_gid;
    dev_t                    i_rdev;
```

```
    unsigned long              i_version;
    loff_t                     i_size;
#ifdef __NEED_I_SIZE_ORDERED
    seqcount_t                 i_size_seqcount;
#endif
    struct timespec            i_atime;
    struct timespec            i_mtime;
    struct timespec            i_ctime;
    unsigned int               i_blkbits;
    blkcnt_t                   i_blocks;
    unsigned short             i_bytes;
    umode_t                    i_mode;
    spinlock_t                 i_lock; /* i_blocks, i_bytes, maybei_size */
    struct mutex               i_mutex;
    struct rw_semaphore        i_alloc_sem;
    const struct inode_operations   *i_op;                    // 여기!
    const struct file_operations    *i_fop;
                               /*former ->i_op->default _file_ops*/ // 또, 여기!
    struct super_block         *i_sb;
    struct file_lock           *i_flock;
    struct address_space       *i_mapping;
    struct address_space       i_data;
#ifdef CONFIG_QUOTA
    struct dquot               *i_dquot[MAXQUOTAS];
#endif
    struct list_head           i_devices;
    union
    {
      struct pipe_inode_info *i_pipe;
      struct block_device    *i_bdev;
      struct cdev            *i_cdev;
    };
    int                        i_cindex;

    __u32                      i_generation;

#ifdef CONFIG_DNOTIFY
    unsigned long              i_dnotify_mask; /* Directory notify events */
    struct dnotify_struct      *i_dnotify; /* for directory notifications */
#endif
```

```
#ifdef CONFIG_INOTIFY
    struct list_head        inotify_watches; /* watches on this inode */
    struct mutex            inotify_mutex; /* protects the watches list */
#endif

    unsigned long           i_state;
    unsigned long           dirtied_when; /* jiffies of firstdirtying */

    unsigned int            i_flags;

    atomic_t                i_writecount;
#ifdef CONFIG_SECURITY
    void                    *i_security;
#endif
    void                    *i_private; /* fs or device private pointer */
};
```

inode 구조체의 다른 멤버들도 함수 포인터 구조체를 가리키긴 하지만, 분명하게 operations라는 접두사가 붙은 멤버에는 오른쪽에 주석을 붙였습니다. 이들 멤버는 아래에 구조체 정의를 실어 놓았습니다.

다음은 inode 구조체에 대한 기능을 담고 있는 inode_operations 구조체 정의입니다. 함수 포인터 멤버가 아닌 멤버는 하나도 없습니다. 이들 정의는 리눅스 소스 코드에서 한 글자도 변경하지 않고 그대로 복사했습니다.

```
struct inode_operations
{
    int (*create) (struct inode *,struct dentry *,int,struct nameidata *);
    struct dentry * (*lookup) (struct inode *,
                                struct dentry *, struct nameidata *);
    int (*link) (struct dentry *,struct inode *,struct dentry *);
    int (*unlink) (struct inode *,struct dentry *);
    int (*symlink) (struct inode *,struct dentry *,const char *);
    int (*mkdir) (struct inode *,struct dentry *,int);
    int (*rmdir) (struct inode *,struct dentry *);
    int (*mknod) (struct inode *,struct dentry *,int,dev_t);
```

```
      int (*rename) (struct inode *,
                    struct dentry *, struct inode *, struct dentry *);
      int (*readlink) (struct dentry *, char __user *,int);
      void * (*follow_link) (struct dentry *, struct nameidata *);
      void (*put_link) (struct dentry *, struct nameidata *, void *);
      void (*truncate) (struct inode *);
      int (*permission) (struct inode *, int, struct nameidata *);
      int (*setattr) (struct dentry *, struct iattr *);
      int (*getattr) (struct vfsmount *mnt, struct dentry *, struct kstat *);
      int (*setxattr) (struct dentry *, const char *,const void *,size_t,int);
      ssize_t (*getxattr) (struct dentry *, const char *, void *, size_t);
      ssize_t (*listxattr) (struct dentry *, char *, size_t);
      int (*removexattr) (struct dentry *, const char *);
      void (*truncate_range)(struct inode *, loff_t, loff_t);
};
```

file_operations 구조체에 대한 정의는 다음에 나올 설명과 함께 넣어두었습니다.
한 번 만들어서 재사용을 하는 것은 어떤 운영체제건 똑같습니다.

file 구조체 file struct

다음은 프로그램이 사용하기 위해 열어놓은 파일을 표현하는 file 구조체 정의입니다.
역시 fs.h 파일에 정의되어 있습니다.

```
struct file
{
    /*
     * fu_list becomes invalid after file_free is called and queued via
     * fu_rcuhead for RCU freeing
     */
    union
    {
```

```
        struct list_head        fu_list;
        struct rcu_head         fu_rcuhead;
    } f_u;
    struct path                 f_path;
#define f_dentry                f_path.dentry
#define f_vfsmnt                f_path.mnt
    const struct file_operations    *f_op;      // 여기!
    atomic_t                    f_count;
    unsigned int                f_flags;
    mode_t                      f_mode;
    loff_t                      f_pos;
    struct fown_struct          f_owner;
    unsigned int                f_uid, f_gid;
    struct file_ra_state        f_ra;

    unsigned long               f_version;
#ifdef CONFIG_SECURITY
    void                        *f_security;
#endif
    /* needed for tty driver, and maybe others */
    void                        *private_data;

#ifdef CONFIG_EPOLL
    /* Used by fs/eventpoll.c to link all the hooks to this file */
    struct list_head            f_ep_links;
    spinlock_t                  f_ep_lock;
#endif /* #ifdef CONFIG_EPOLL */
    struct address_space        *f_mapping;
};
```

역시 오른쪽에 주석이 붙은 부분이 함수 구조체 포인터입니다. 정의는 바로 아래 있습니다.

```
struct file_operations
{
    struct module *owner;
    loff_t (*llseek) (struct file *, loff_t, int);
    ssize_t (*read) (struct file *, char __user *, size_t, loff_t *);
```

```
    ssize_t (*write) (struct file *, const char __user *, size_t, loff_t *);
    ssize_t (*aio_read) (struct kiocb *,
                        const struct iovec *, unsigned long, loff_t);
    ssize_t (*aio_write) (struct kiocb *,
                         const struct iovec *, unsigned long, loff_t);
    int (*readdir) (struct file *, void *, filldir_t);
    unsigned int (*poll) (struct file *, struct poll_table_ struct *);
    int (*ioctl) (struct inode *,
                 struct file *, unsigned int, unsigned long);
    long (*unlocked_ioctl) (struct file *, unsigned int, unsigned long);
    long (*compat_ioctl) (struct file *, unsigned int, unsigned long);
    int (*mmap) (struct file *, struct vm_area_struct *);
    int (*open) (struct inode *, struct file *);
    int (*flush) (struct file *, fl_owner_t id);
    int (*release) (struct inode *, struct file *);
    int (*fsync) (struct file *, struct dentry *, int datasync);
    int (*aio_fsync) (struct kiocb *, int datasync);
    int (*fasync) (int, struct file *, int);
    int (*lock) (struct file *, int, struct file_lock *);
    ssize_t (*sendfile) (struct file *,
                        loff_t *, size_t, read_ actor_t, void *);
    ssize_t (*sendpage) (struct file *,
                        struct page *, int, size_t, loff_t *, int);
    unsigned long (*get_unmapped_area)(struct file *,
                        unsigned long, unsigned long,
                        unsigned long, unsigned long);
    int (*check_flags)(int);
    int (*dir_notify)(struct file *filp, unsigned long arg);
    int (*flock) (struct file *, int, struct file_lock *);
    ssize_t (*splice_write)(struct pipe_inode_info *,
                           struct file *, loff_t *, size_t, unsigned int);
    ssize_t (*splice_read)(struct file *, loff_t *,
                           struct pipe_inode_info *, size_t, unsigned int);
};
```

file_operations 구조체는 inode와 file 구조체 양쪽에서 모두 사용합니다. 만약
파일과 관련된 함수를 별도로 정의했다면 이 구조체가 어떤 기능을 수행해야 하는지 정
의하기가 어려웠을 것입니다. 그러나, 파일에 필요한 기능을 file_operations 구조

체에 정의했기 때문에 고민하지 않고 이 구조체만 포함시키면 해결됩니다. 객체라는 개념을 이만큼만 도입해도 코드가 편해집니다.

Qt

Qt라는 이름의 라이브러리에 대해서 들어보았습니까? 들어보기만 했어도 어느 정도의 실력자로 인정받을 수 있을 겁니다. 거의 사용하지 않기 때문에 아니라 사용하는 범위가 어쩔 수 없이 제한적이기 때문에 들어보지 못했을 확률이 높습니다.

윈도우 프로그래밍은 MFC를 사용하고 리눅스 프로그래밍은 Qt를 사용한다고 보면 됩니다. 그래픽 기반의 리눅스 응용프로그램을 만드는 방법에는 GTK+(gimp Tool Kit)와 Qt의 두 가지가 있습니다. GTK+는 C 기반의 라이브러리이고, Qt는 C++ 기반의 라이브러리입니다. GTK+보다 C++ 기반의 Qt를 사용하는 것은 너무 당연합니다. 사용해 보지 않은 분은 GTK+ 라이브러리가 얼마나 번거로운지 상상할 수 없을 것입니다. Qt에 비해서 말이죠.

Qt는 노르웨이의 트롤텍(Trolltech, www.trolltech.com)사에서 만든 GUI 라이브러리입니다. 리눅스 오픈 소스(Open Source)가 100% 공개에 무료를 지향하는 GPL(GNU General Public License)을 따르는 반면, Qt는 Qt 라이브러리를 사용해서 개발한 프로그램의 소스 코드를 공개하지 않을 경우 비용을 받는 QPL(Qt Public License)을 따릅니다. MFC 또한 많은 부분에서 소스 코드가 공개되어 있지만 결정적인 부분에서는 꼭 코드를 제공하지 않는 반면, Qt는 소스 코드를 100% 공개하고 있습니다. Qt 소스 코드와 도움말은 트롤텍 홈페이지에 있습니다.

Qt는 대표적인 크로스 플랫폼(Cross Platform) 라이브러리로 한 플랫폼에서 컴파일한 코드를 다른 플랫폼에서 수정하지 않고 동작시킬 수 있습니다. MFC는 윈도우 플랫폼 기반이기 때문에 리눅스 등의 환경에서는 컴파일 자체가 불가능합니다. 그러나, 아무리 좋은 라이브러리라고 해도 100% 호환이 가능한지에 대한 것은 의문입니다. Qt는 크로스 플랫폼을 지향하므로 각각의 환경에 맞는 라이브러리를 별도로 제공하고, 윈도우, 리눅스, 맥(Mac) 등의 운영체제에서 사용할 수 있습니다.

Qt에는 MFC보다 진보된 메시지 처리 메커니즘(mechanism)을 갖고 있습니다. 시그널(signal)과 슬롯(slot)이라는 개념으로 MFC에서 봤던 매크로를 사용하지 않고 전역 함수를 사용해서 메시지를 처리합니다. 특정 신호(시그널)에 대해 연결된 슬롯(함수)에서 처리한다는 개념으로 MFC에 비해 현저하게 가벼운 코드가 생성되기 때문에 좋습니다. 물론 이해하기도 쉽습니다.

```
bool QObject::connect(const QObject* sender, const char* signal,
                      const QObject* receiver, const char* method,
                      Qt::ConnectionType type = Qt::AutoCompatConnection)
```

시그널과 슬롯을 지원하는 connect()입니다. 정적(static) 멤버 함수이고, 마지막 매개 변수는 기본 매개 변수이므로 사용하지 않아도 괜찮습니다. 첫 번째와 두 번째 매개 변수가 첫 번째 객체, 세 번째와 네 번째가 두 번째 객체를 가리킵니다. 첫 번째 객체에 어떤 일(이벤트, 시그널)이 발생하면 두 번째 객체에 알려달라는 것(슬롯)이 골자입니다.

클래스 기반이기 때문에 QObject 클래스를 상속한 어떤 클래스든지 서로간에 연결할 수 있습니다. 단점이라면, 반드시 QObject 클래스를 상속받아야 한다는 점입니다.

```
QObject::connect(&QuitButton, SIGNAL(clicked()), &app, SLOT(quit()));
```

connect()를 실제로 사용하는 코드입니다. 윈도우가 하나 있고(app), 그 위에 버튼 (QuitButton)이 있는 형태입니다. QuitButton 버튼에서 clicked라는 이벤트가 발생하면 app 객체의 quit()를 호출해 달라는 뜻입니다. Qt에는 미리 정의해 놓은 시그널과 처리할 슬롯이 많이 정의되어 있습니다. 미리 정의해 놓은 것을 사용해도 되고, 직접 만들어서 사용하는 것도 가능합니다. 다만 시그널과 슬롯을 연결할 때는 반드시 SIGNAL과 SLOT 매크로를 사용해야 합니다.

보다시피 MFC에 비해 무척 간단하다는 것을 알 수 있습니다. 여러 가지 복잡한 매크로를 사용하는 MFC에 비해 너무 가볍습니다. 그러나, Qt 또한 여기에 Q_OBJECT라는 매크로가 포함되어야 합니다. 클래스의 처음에 Q_OBJECT 매크로가 없으면 시그널과 슬롯을 사용할 수 없습니다. 그럼에도 Qt를 사용해보면 알겠지만, 가볍습니다.

MFC는 함수 포인터를 기반으로 동작하기 때문에 자료형에 안전하지 않고(not type-safe) 코드가 강하게 결합됩니다. 함수를 호출할 때 형변환을 필요로 하고 잘못된 매개 변수에 대해 형변환을 시도하더라도 문제가 없는 것처럼 보입니다. 호출할 함수의 정보에 대해 알고 있어야 하는 것도 어렵습니다. 너무 강하게 결합되다 보니 해당 함수에 대한 자료형을 모를 경우 형변환 자체가 불가능합니다. Qt는 시그널과 슬롯이라는 개념을

도입해서 이러한 문제점으로부터 완전하게 벗어났습니다.

일반적으로 Qt가 MFC보다 낫다라고 얘기합니다. 두 가지 모두 GUI 프레임워크이고, 윈도우 기반에서 동작하기 때문에 간혹 비교의 대상이 됩니다(Qt는 말했던 것처럼 윈도우 플랫폼에서도 동작합니다). 프레임워크를 구성하는 요소에 여러 가지가 있겠지만 일단 메시지를 처리하는 부분에서는 Qt가 나은 방법인 것은 틀림없어 보입니다.

MFC만큼이나 Qt의 내부에 대해서도 궁금할 것입니다. 그러나, 함수 포인터를 사용했건 STL에서 봤던 구조체 함수자를 사용했건 함수 포인터를 응용한 것임에는 틀림없습니다.

리눅스 소스 코드를 포함해서 범용 라이브러리인 Qt에 대해서도 잠깐 봤습니다. 잘 모르는 낯선 코드이지만 모두 전세계인이 인정하는 코드입니다. 이런 코드의 가장 중요한 부분에 함수 포인터가 사용된다는 것은 함수 포인터가 얼마나 중요한지 단적으로 보여주는 예라고 생각합니다.

리눅스는 모든 소스 코드가 공개되어 있습니다. 기회가 된다면, 아니 일부러 기회를 만들어서라도 한번쯤 살펴보기를 바랍니다. 다만 너무 방대해서 언제쯤 다 볼 수 있을지는 모르겠습니다.

연습 문제

1. 스택과 관련된 내용은 이미 여러 번 다루었고, 더 이상의 내용이 없으니 이번이 마지막이 되겠습니다. 스택을 이번 장에서 배운 것처럼 스택 구조체와 스택 연산을 담당하는 두 개의 구조체로 구현해 봅니다. 스택 함수 포인터 멤버는 2부 1장에서 배웠고, 스택 연산 구조체는 이번 장에서 배웠습니다.

문제풀이

Part 04

1.

A. `void *calloc(size_t num, size_t size)`

   I. `calloc()`는 `void*`를 반환하고 `size_t` 자료형 두 개를 매개 변수로 갖습니다.

   II. `size_t` 자료형은 `unsigned int` 자료형을 `typedef` 키워드로 재정의한 자료형이고, 음수를 사용할 필요가 없는 크기나 길이 같은 변수에 사용합니다.

   III. `calloc()`는 `malloc()`와 같은 기능을 하는 함수로 할당된 동적 메모리를 0으로 초기화하는 부가 기능을 갖고 있습니다. 반드시 `free()`를 사용해서 사용이 끝난 메모리를 해제해야 합니다.

B. `double difftime(time_t timer1, time_t timer0)`

   I. `difftime()`는 `double`을 반환하고 `time_t` 자료형 두 개를 매개 변수로 갖습니다.

   II. `time_t` 자료형은 4바이트 길이의 `long` 자료형을 사용했었는데, 최근에는 8바이트 길이의 정수 자료형을 사용합니다. 시간과 관련된 변수에 사용합니다.

   III. `difftime()`는 두 개의 시간 사이의 간격, 즉 경과 시간을 측정합니다. 가령, 1시간 뒤에 메시지를 받기 위해 현재 시간을 기준으로 알람을 설정할 때 사용할 수 있습니다.

C. `struct tm *gmtime(const time_t *timer)`

   I. `gmtime()`는 `tm` 구조체 포인터를 반환하고 `const time_t*` 자료형을 매개 변수로 갖습니다.

   II. `tm` 구조체는 시간뿐만 아니라 날짜까지 표현하는 구조체로 연월일과 시분초 등의 멤버를 갖고 있습니다.

   III. `gmtime()`는 초(second) 단위의 시간을 날짜와 시간으로 변환합니다.

D. `void *memchr(const void *buf, int c, size_t count)`

   I. `memchr()`는 `void*`를 반환하고 `void*`와 `int`, `size_t` 자료형을 매개 변수로 갖습니다.

   II. `memchr()`는 메모리로부터 문자를 검색합니다.

III. void*를 매개 변수로 전달하는 것은 어떤 데이터에 대해서 검색을 시도하는지 모르기 때문입니다. 그러나 내부적으로는 무조건 바이트 단위로 동작합니다.

E. `int strcmp(const char *s1, const char *s2)`

   I. `strcmp()`는 `int`를 반환하고 `const char*` 자료형 두 개를 매개 변수로 갖습니다.

   II. `strcmp()`는 문자열을 비교합니다. 비교 결과는 첫 번째 문자열을 기준으로, 양수, 음수, 0 중의 하나를 반환합니다. 같을 경우 0을 반환합니다. 매우 중요합니다.

2.

A. `int rand(void)`

   I. `int (* func)(void);`

   II. `rand()`는 의사 난수를 생성하는 함수로 `srand()`와 쌍을 이루어서 사용합니다.

   III.
```
int i;
int (* func)(void) = rand;

for(i = 0; i < 10; i++)
    printf("%d" , func());
```

B. `char *strcpy(char *dest, const char *src)`

   I. `char* (* func)(char*, const char*);`

   II. 가끔 `const` 키워드를 빼는 경우가 있는데, `const` 키워드는 데이터가 변경되지 않는다는 것을 의미하는 자료형의 일부이기 때문에 생략해서는 안 됩니다.

   III. `strcpy()`는 문자열을 복사하는 함수로 문자열 함수 중에서 가장 많이 사용하는 대표 함수입니다.

   IV.
```
char buf[32];
char* (* func)(char*, const char*) = strcpy;

func(buf, "hello");
puts(buf);
```

C. `int atexit(void (* func)(void))`

   I. `int (* func)(void (*)(void));`

Ⅱ. 함수 포인터를 매개 변수로 받아도 걱정 없습니다. 그대로 옮기면 됩니다. 다만, 매개 변수의 이름은 생략하는 것이 보통이기 때문에 어색한 형태처럼 보이지만 스타(*)만 있습니다.

Ⅲ. atexit()는 프로그램이 종료할 때 호출될 함수를 등록하는 함수입니다.

Ⅳ.
```c
#include <stdio.h>
#include <stdlib.h>
#pragma warning(disable:4996)

void Test(void);

void main(void)
{
    int (* func)(void (*)(void)) = atexit;
    func(Test);
}

void Test(void)
{
    printf("Test() 성공\n");
}
```

D. `char *strstr(const char *src, const char *search)`

Ⅰ. `char* (* func)(const char*, const char*);`

Ⅱ. strstr()는 문자열로부터 문자열, 다시 말해 문장에서 단어를 검색하는 함수입니다.

Ⅲ.
```c
char sentence[] = "long time ago";
char* result;
char* (* func)(const char*, const char*) = strstr;

result = func(sentence, "time");
if(result != NULL)
    printf("성공 : %s\n", result);
```

E. `int system(const char *command)`

Ⅰ. `int (* func)(const char*);`

Ⅱ. system()는 콘솔 명령어에 해당하는 문자열을 받아서 해당 콘솔 명령을 실행하는 함수입니다. 이 함수를 사용해서 프로그램 내부에서 파일 복사나 삭제 등의 명령을 실행할 수 있습니다.

Ⅲ.
```c
int (* func)(const char*) = system;
func("dir /w");
```

1. 코드와 설명 _ [example_1_2_1.c]

```c
1   #include <stdio.h>
2   pragma warning(disable:4996)
3
4   int Add(int n1, int n2);
5   int Subtract(int n1, int n2);
6   int Multiply(int n1, int n2);
7   int Divide(int n1, int n2);
8
9   void main(void)
10  {
11      int (* func)(int, int) = NULL;
12      int menu, n1, n2;
13
14      while(1)
15      {
16          printf("[0] 종료 [1] 덧셈 [2] 뺄셈 [3] 곱셈 [4] 나눗셈 - ");
17          scanf("%d", &menu);
18
19          if(menu < 0 || menu > 4)
20              continue;
21
22          if(menu == 0)
23              break;
24
25          switch(menu)
26          {
27          case  1 : func = Add;       break;
28          case  2 : func = Subtract;  break;
29          case  3 : func = Multiply;  break;
30          default : func = Divide;    break;
31          }
32
33          printf("정수 :");      scanf("%d", &n1);
34          printf("정수 :");      scanf("%d", &n2);
35
```

```
36              printf("결과 : %d\n\n", func(n1, n2));
37          }
38  }
39
40  int Add(int n1, int n2)
41  {
42          return n1+n2;
43  }
44
45  int Subtract(int n1, int n2)
46  {
47          return n1-n2;
48  }
49
50  int Multiply(int n1, int n2)
51  {
52          return n1*n2;
53  }
54
55  int Divide(int n1, int n2)
56  {
57          return n1/n2;
58  }
```

○ 출력결과

[0] 종료 [1] 덧셈 [2] 뺄셈 [3] 곱셈 [4] 나눗셈 – 1
정수 : 11
정수 : 22
결과 : 33

[0] 종료 [1] 덧셈 [2] 뺄셈 [3] 곱셈 [4] 나눗셈 – 2
정수 : 11
정수 : 22
결과 : –11

[0] 종료 [1] 덧셈 [2] 뺄셈 [3] 곱셈 [4] 나눗셈 – 3
정수 : 11
정수 : 22
결과 : 242

[0] 종료 [1] 덧셈 [2] 뺄셈 [3] 곱셈 [4] 나눗셈 - 4

정수 : 11

정수 : 22

결과 : 0

[0] 종료 [1] 덧셈 [2] 뺄셈 [3] 곱셈 [4] 나눗셈 - 0

● 코드설명

[11번째 줄]

int를 반환하고 두 개의 int 자료형을 매개 변수로 갖는 함수 포인터 변수, func을 선언합니다. 사칙연산 함수는 두 개의 정수에 대해 연산을 수행한 다음 결과를 반환하는 함수들이므로 선언에 사용한 자료형과 완전히 일치합니다.

[19번째 줄]

메뉴 범위를 벗어나면 아무것도 하지 않고 다시 메뉴를 보여줍니다.

[25번째 줄]

해당 메뉴에 맞는 함수를 func 변수에 저장합니다. 30번째 줄의 default문은 앞에서 범위에 포함되는 메뉴만 switch문으로 전달되도록 처리했기 때문에 적법한 코드입니다.

[33번째 줄]

사칙연산 함수에 전달할 두 개의 정수를 입력받습니다. 이 코드는 switch문의 앞쪽에 있어도 상관없습니다.

[36번째 줄]

선택 함수를 호출하면서 입력받은 정수를 매개 변수로 전달합니다. 반환값은 직접 printf( )에 전달해서 출력합니다.

⠿ 2. 코드와 설명 _ [example_1_2_2.c]

```
1   #include <stdio.h>
2   #include <string.h>
3   #pragma warning(disable:4996)
4
5   void main(void)
6   {
```

```
7        char buf1[512] = "", buf2[128] = "";
8        char menu[32];
9        char* (* func)(char*, const char*) = NULL;
10
11       while(1)
12       {
13           printf("Quit strcpy strcat - ");
14           scanf("%s", menu);
15
16           if(strcmp(menu, "Quit") == 0)
17               break;
18
19               if(strcmp(menu, "strcpy") == 0) func = strcpy;
20           else if(strcmp(menu, "strcat") == 0) func = strcat;
21           else                                 continue;
22
23           printf("buf1 : %s\n", buf1);
24           printf("buf2 : ");
25           scanf("%s", buf2);
26
27           func(buf1, buf2);
28           printf("결과 : %s\n\n", buf1);
29       }
30   }
```

◑ 출력결과

```
Quit strcpy strcat - strcpy
buf1 :
buf2 : Hello
결과 : Hello
Quit strcpy strcat - strcat
buf1 : Hello
buf2 : 여러분
결과 : Hello여러분
Quit strcpy strcat - Quit
```

코드설명

[9번째 줄]

strcpy( )와 strcat( )는 반환값과 매개 변수가 같기 때문에 같은 자료형입니다. 모두 char*를 반환하고 두 개의 char*를 매개 변수로 받습니다. 다만 첫 번째 매개 변수는 복사를 수행하기 때문에 변경되고, 두 번째 매개 변수는 읽기만 하기 때문에 변경되지 않습니다. 두 번째는 const 키워드가 붙어 있습니다. 이들 함수는 처리된 결과의 시작 위치, 다시 말해 첫 번째 매개 변수의 주소를 반환해서 호출과 동시에 결과를 사용할 수 있도록 지원합니다.

배운 것에 비해 너무 어려울 수도 있을 것 같은데, 일단 있는 그대로 해석해 봅니다. func이라는 이름은 포인터(*) 변수입니다. 포인터 변수이므로 해석하지 않은 나머지 전체를 가리키게 되는데, 오른쪽에 ( )가 있으므로 가리키는 대상은 함수입니다. 그래서 char*를 반환하고 char*와 const char*를 매개 변수로 받는 함수 포인터 변수가 됩니다.

[16번째 줄]

메뉴를 문자열로 구성했으므로 strcmp( )를 사용해서 비교해야 합니다. 두 개의 문자열이 같을 경우 0을 반환하므로, 0과 같은지 비교합니다. 정수 메뉴를 사용했던 앞의 문제와 달리 매번 strcmp( )를 적용해야 하므로 switch문으로 메뉴를 구성할 수 없습니다. 많이 불편합니다.

[19번째 줄]

선택 메뉴에 맞게 문자열 함수를 함수 포인터 변수 func에 저장합니다.

[27번째 줄]

선택한 함수를 호출합니다. 결과는 첫 번째 매개 변수인 buf1에 저장되므로 출력을 통해 확인합니다. 이 코드는 다음처럼 두 줄을 한 줄로 처리해도 결과는 같습니다.

```
printf("결과 : %s\n\n", func(buf1, buf2));
```

출력결과를 이해하기 어려울 수도 있겠습니다. buf1은 계속해서 갱신되고, 입력은 buf2에만 받습니다. strcpy( )로 비어 있는 버퍼에 새로운 문자열(Hello)을 입력받은 다음, strcat( )로 기존 문자열(Hello)에 새로운 문자열(여러분)을 연결했습니다. 마지막에는 대소문자를 정확하게 구분해서 "Quit"를 입력해서 프로그램을 종료했습니다.

1. 코드와 설명 _ [example_1_3_1.c]

```
1   #include <stdio.h>
2   #pragma warning(disable:4996)
3
4   int Add(int n1, int n2);
5   int Subtract(int n1, int n2);
6   int Multiply(int n1, int n2);
7   int Divide(int n1, int n2);
8   int Modular(int n1, int n2);
9
10  void main(void)
11  {
12      int (* FuncArray[])(int, int) =
        {
            NULL, Add, Subtract, Multiply, Divide, Modular
        };
13      int menu, n1, n2;
14
15      while(1)
16      {
17          printf("[0] 종료 [1] 덧셈 [2] 뺄셈 [3] 곱셈 [4] 나눗셈 [5] 나머지- ");
18          scanf("%d", &menu);
19
20          if(menu < 0 || menu > 5)
21              continue;
22
23          if(menu == 0)
24              break;
25
26          printf("정수 : ");    scanf("%d", &n1);
27          printf("정수 : ");    scanf("%d", &n2);
28
29          printf("결과 : %d\n\n", FuncArray[menu](n1, n2));
30      }
31  }
32
```

```
33   int Add(int n1, int n2)
34   {
35        return n1+n2;
36   }
37
38   int Subtract(int n1, int n2)
39   {
40        return n1-n2;
41   }
42
43   int Multiply(int n1, int n2)
44   {
45        return n1*n2;
46   }
47
48   int Divide(int n1, int n2)
49   {
50        return n1/n2;
51   }
52
53   int Modular(int n1, int n2)
54   {
55        return n1%n2;
56   }
```

○ 출력결과

[0] 종료 [1] 덧셈 [2] 뺄셈 [3] 곱셈 [4] 나눗셈 [5] 나머지 − 1
정수 : 22
정수 : 11
결과 : 33

[0] 종료 [1] 덧셈 [2] 뺄셈 [3] 곱셈 [4] 나눗셈 [5] 나머지 − 2
정수 : 22
정수 : 11
결과 : 11

[0] 종료 [1] 덧셈 [2] 뺄셈 [3] 곱셈 [4] 나눗셈 [5] 나머지 − 3
정수 : 22
정수 : 11
결과 : 242

[0] 종료 [1] 덧셈 [2] 뺄셈 [3] 곱셈 [4] 나눗셈 [5] 나머지 - 4
정수 : 22
정수 : 11
결과 : 2

[0] 종료 [1] 덧셈 [2] 뺄셈 [3] 곱셈 [4] 나눗셈 [5] 나머지 - 5
정수 : 22
정수 : 11
결과 : 0

[0] 종료 [1] 덧셈 [2] 뺄셈 [3] 곱셈 [4] 나눗셈 [5] 나머지 - 0

◉ 코드설명

[12번째 줄]
함수 포인터 배열을 선언합니다. 산술 연산과 관련된 함수는 자료형이 같으므로 배열에 저장할 수 있습니다. 0번째 요소로 NULL 포인터를 넣어서 선택 번호에서 1을 빼는 불편함을 없앴습니다. 대신 4바이트를 낭비했습니다.

[20번째 줄]
이전 장에서 봤던 사칙연산을 살짝 확장한 코드입니다. 메뉴가 하나 늘었으므로 5보다 클 때로 수정했습니다.

[29번째 줄]
함수 포인터 배열의 요소에 접근해서 저장된 함수를 호출합니다. 선택 번호인 menu에서 1을 빼지 않고 있습니다.

2. 코드와 설명 _ [example_1_3_2.c]

```
1  #include <stdio.h>
2  #include <string.h>
3  #pragma warning(disable:4996)
4
5  int SelectMenu(void);
6
```

```
 7   void main(void)
 8   {
 9       char str[512] = "Hello";
10       char* (* FuncArray[])(char*) =
         {
             NULL, gets, (char* (*)(char*)) puts, strupr, strrev
         };
11       int select;
12
13       while(1)
14       {
15           select = SelectMenu();
16
17           if(select == 0)
18               break;
19
20           FuncArray[select](str);
21       }
22   }
23
24   int SelectMenu(void)
25   {
26       static char* menu[] =
         {
             "Quit", "Input", "Print", "Uppercase", "Reverse"
         };
27       char input[32];
28       int  i = -1;
29
30       while(1)
31       {
32           printf("[메뉴] Quit Input Print Uppercase Reverse - ");
33           scanf("%s", input);
34           fflush(stdin);
35
36           for(i = 0; i < sizeof(menu)/sizeof(menu[0]); i++)
37           {
38               if(strcmp(input, menu[i]) == 0)
39                   return i;
40           }
41       }
42
```

```
43        return -1;
44    }
```

출력결과

[메뉴] Quit Input Print Uppercase Reverse – Print
Hello
[메뉴] Quit Input Print Uppercase Reverse – Input
Black
[메뉴] Quit Input Print Uppercase Reverse – Print
Black
[메뉴] Quit Input Print Uppercase Reverse – Uppercase
[메뉴] Quit Input Print Uppercase Reverse – Print
BLACK
[메뉴] Quit Input Print Uppercase Reverse – Reverse
[메뉴] Quit Input Print Uppercase Reverse – Print
KCALB
[메뉴] Quit Input Print Uppercase Reverse – Quit

코드설명

[9번째 줄]

함수 포인터 배열에 저장된 함수를 호출한 결과를 저장할 변수를 선언합니다. 초기값으로 "Hello"를 주고 시작합니다. Input을 제외한 메뉴들은 초기값이 있어야 동작합니다.

[10번째 줄]

함수 포인터 배열을 선언합니다. 배열에 들어가는 모든 요소는 C 표준 함수에서 가져왔습니다. puts( )는 나머지 함수들과 자료형이 다르기 때문에 형변환을 필요로 합니다. 이들 함수는 모두 char*를 반환하고 char*를 매개 변수로 갖는다는 점에서 같습니다. puts( )만 성공 여부를 int로 반환합니다.

gets( )는 문자열 입력, puts( )는 문자열 출력, strupr( )는 대문자로 변환, strrev( )는 문자열을 뒤집습니다. strupr( )와 strrev( )는 C 표준 함수가 아니기 때문에 모든 플랫폼에서 공통으로 사용할 수 있는 함수는 아니지만, 윈도우에서 사용할 수 있는 것처럼 리눅스나 유닉스에서도 사용할 수 있습니다. 윈도우에서 이들 함수는 접두사 밑줄 문자(_)를 붙여서 _strupr, _strrev라는 이름으로 사용합니다. 그러나, 옛날 이름도 사용할 수 있기 때문에 밑줄 문자는 생략했습니다.

참고로 이들 함수에서 반환값은 사용하지 않습니다. 문제를 해결하기 위해 굳이 반환값까지 이용할 필요가 없습니다. 그래서, puts( )를 형변환해서 사용할 수 있었습니다. 만약 반환값을 사용해야 했다면 puts( ) 대신 출력 함수를 만들어서 사용해야 합니다.

[13번째 줄]

15번째 줄에서 메뉴를 선택하면 20번째 줄에서 선택 함수를 호출합니다.

[24번째 줄]

SelectMenu( )를 정의합니다. 이 함수는 문자열로 입력받은 메뉴를 해석해서 순서에 맞는 정수를, 다시 말해 함수 포인터 배열에 맞는 정수를 반환합니다.

28번째 줄에서 변수 i에 값을 넣지 않아도 됩니다. 다만 어떤 메뉴도 선택하지 않은 상태라는 것을 표현하기 위해 −1을 넣었을 뿐입니다.

36번째 줄에서 메뉴 개수만큼 반복합니다. Quit 메뉴는 함수 포인터 배열에서 NULL 요소에 해당하므로 39번째 줄에서 −1을 빼지 않고 반환합니다. 단순히 입력한 메뉴 문자열을 배열 요소만큼 strcmp( )로 비교하고 있습니다. 43번째 줄에서 −1을 반환하고 있지만, 여기까지 코드가 올 수는 없습니다. while문에서 배열에 포함된 요소와 일치하지 않으면 탈출하지 않기 때문입니다.

1. 코드와 설명 _ [example_1_4_1.c]

```c
1                 #include <stdio.h>
2    #pragma warning(disable:4996)
3
4    int Add(int n1, int n2);
5    int Subtract(int n1, int n2);
6    int Multiply(int n1, int n2);
7    int Divide(int n1, int n2);
8    int Modular(int n1, int n2);
9
10   typedef int (* func_t)(int, int);
11
12   void main(void)
13   {
14       func_t FuncArray[] =
         {
             NULL, Add, Subtract, Multiply, Divide, Modular
         };
15       int menu, n1, n2;
16
17       while(1)
18       {
19           printf("[0] 종료 [1] 덧셈 [2] 뺄셈 [3] 곱셈 [4] 나눗셈 [5] 나머지 - ");
20           scanf("%d", &menu);
21
22           if(menu < 0 || menu > 5)
23               continue;
24
25           if(menu == 0)
26               break;
27
28           printf("정수 : ");    scanf("%d", &n1);
29           printf("정수 : ");    scanf("%d", &n2);
30
31           printf("결과 : %d\n\n", FuncArray[menu](n1, n2));
32       }
33   }
34
```

```
35   int Add(int n1, int n2)
36   {
37        return n1+n2;
38   }
39
40   int Subtract(int n1, int n2)
41   {
42        return n1-n2;
43   }
44
45   int Multiply(int n1, int n2)
46   {
47        return n1*n2;
48   }
49
50   int Divide(int n1, int n2)
51   {
52        return n1/n2;
53   }
54
55   int Modular(int n1, int n2)
56   {
57        return n1%n2;
58   }
```

○ 출력결과

[0] 종료 [1] 덧셈 [2] 뺄셈 [3] 곱셈 [4] 나눗셈 [5] 나머지 – 1
정수 : 22
정수 : 11
결과 : 33

[0] 종료 [1] 덧셈 [2] 뺄셈 [3] 곱셈 [4] 나눗셈 [5] 나머지 – 2
정수 : 22
정수 : 11
결과 : 11

[0] 종료 [1] 덧셈 [2] 뺄셈 [3] 곱셈 [4] 나눗셈 [5] 나머지 – 3
정수 : 22
정수 : 11
결과 : 242

[0] 종료 [1] 덧셈 [2] 뺄셈 [3] 곱셈 [4] 나눗셈 [5] 나머지 – 4

정수 : 22

정수 : 11

결과 : 2

[0] 종료 [1] 덧셈 [2] 뺄셈 [3] 곱셈 [4] 나눗셈 [5] 나머지 – 5

정수 : 22

정수 : 11

결과 : 0

[0] 종료 [1] 덧셈 [2] 뺄셈 [3] 곱셈 [4] 나눗셈 [5] 나머지 – 0

◉ 코드설명

[10번째 줄]

typedef 키워드로 func_t 자료형을 재정의했습니다.

[14번째 줄]

func_t 자료형을 사용해서 함수 포인터 배열을 선언합니다.

2. 코드와 설명 _[example_1_4_2.c]

```
1    #include <stdio.h>
2    #include <string.h>
3    #pragma warning(disable:4996)
4
5    int SelectMenu(void);
6
7    typedef char* (* func_t)(char*);
8
9    void main(void)
10   {
11       char str[512] = "Hello";
12       func_t FuncArray[] =
         {
             NULL , gets, (func_t) puts, strupr, strrev
         };
```

```
13        int select;
14
15        while(1)
16        {
17            select = SelectMenu();
18
19            if(select == 0)
20                break;
21
22            FuncArray[select](str);
23        }
24    }
25
26    int SelectMenu(void)
27    {
28        static char* menu[] =
          {
              "Quit", "Input", "Print", "Uppercase", "Reverse"
          };
29        char input[32];
30        int i = -1;
31
32        while(1)
33        {
34            printf("[메뉴] Quit Input Print Uppercase Reverse - ");
35            scanf("%s", input);
36            fflush(stdin);
37
38            for(i = 0; i < sizeof(menu)/sizeof(menu[0]); i++)
39            {
40                if(strcmp(input, menu[i]) == 0)
41                    return i;
42            }
43        }
44
45        return -1;
46    }
```

○ 출력결과

[메뉴] Quit Input Print Uppercase Reverse − Print
Hello
[메뉴] Quit Input Print Uppercase Reverse − Input
Black
[메뉴] Quit Input Print Uppercase Reverse − Print
Black
[메뉴] Quit Input Print Uppercase Reverse − Uppercase
[메뉴] Quit Input Print Uppercase Reverse − Print
BLACK
[메뉴] Quit Input Print Uppercase Reverse − Reverse
[메뉴] Quit Input Print Uppercase Reverse − Print
KCALB
[메뉴] Quit Input Print Uppercase Reverse − Quit

○ 코드설명

[7번째 줄]
typedef 키워드로 func_t 자료형을 재정의했습니다. 반환값이 char*이기 때문에 굉장히 낯선 형태가 되지만, 문법적으로는 문제 없습니다.

[12번째 줄]
배열 선언 이외에 puts( ) 형변환에도 func_t 자료형을 사용합니다.

1. 코드와 설명

[example_2_1_1_Point.h]

```
1    struct POINT
2    {
3        int x, y;
4
5        void (* Input)(struct POINT*);
6        void (* Output)(const struct POINT*);
7    };
8
9    void InitPoint(struct POINT* ppt);
```

▶ 출력결과

없음

▶ 코드설명

[5번째 줄]

입력과 출력 함수 포인터 멤버를 추가합니다. 이 부분이 이 문제에서 가장 어려울 수도 있습니다. 첫 단추를 잘못 끼면 마지막 단추까지 잘못 낀다는 속담이 있습니다.

함수 포인터를 멤버로 추가하기로 했다면 RECT 구조체에만 넣을 것이 아니라 POINT 구조체에도 넣는 것이 타당합니다. 모두 구조체라는 점에서는 차이가 없습니다. 대신 POINT 구조체에 대한 입출력 함수를 내장했기 때문에 RECT 구조체의 입력과 출력이 편해집니다.

[9번째 줄]

구조체를 초기화시키는 InitPoint( )를 선언합니다. 본문에서와 마찬가지로 입력과 출력을 담당하는 InputPoint( )와 OutputPoint( )는 외부에서 사용할 필요가 없으므로 선언을 제공하지 않습니다.

[example_2_1_1_Point.c]

```
1   #include <stdio.h>
2   #include <string.h>
3   #include "example_2_1_1_Point.h"
4   #pragma warning(disable:4996)
5
6   void InputPoint(struct POINT* ppt);
7   void OutputPoint(const struct POINT* ppt);
8
9   void InitPoint(struct POINT* ppt)
10  {
11      memset(ppt, 0, sizeof(struct POINT));
12
13      ppt->Input  = InputPoint;
14      ppt->Output = OutputPoint;
15  }
16
17  void InputPoint(struct POINT* ppt)
18  {
19      printf("x : ");   scanf("%d", &ppt->x);
20      printf("y : ");   scanf("%d", &ppt->y);
21  }
22
23  void OutputPoint(const struct POINT* ppt)
24  {
25      printf("x : %d\n", ppt->x);
26      printf("y : %d\n", ppt->y);
27  }
```

◯ 출력결과

없음

◯ 코드설명

[3번째 줄]
POINT 구조체의 정의가 들어있는 Point.h 파일을 포함시킵니다.

[6번째 줄]

6번째와 7번째 줄의 선언은 InputPoint( )와 OutputPoint( )의 정의를 InitPoint( )의 위쪽에 두면 필요 없습니다. 그러나, 함수 포인터 멤버가 많아질 경우를 대비해서 선언을 항상 추가하도록 합니다.

[9번째 줄]

POINT 구조체를 초기화합니다. 11번째 줄은 굳이 없어도 되고, 13번째와 14번째 줄에서 함수 포인터 멤버를 치환하는 것이 목적입니다. Input과 Output 멤버를 사용하기 전에 InitPoint( )를 호출하지 않으면 어떤 결과가 나올지 모릅니다. 대부분은 프로그램이 비정상 종료하겠지만 동작하는 것처럼 보일 수도 있습니다.

[example_2_1_1_Rect.h]

```
1    #include "example_2_1_1_Point.h"
2
3    struct RECT
4    {
5        struct POINT pt1, pt2;
6
7        void (* Input)(struct RECT*);
8        void (* Output)(const struct RECT*);
9    };
10
11   void InitRect(struct RECT* pRect);
```

● 출력결과

없음

● 코드설명

[1번째 줄]

RECT 구조체는 POINT 구조체를 멤버로 가지므로 POINT 구조체의 정의가 필요합니다.

[7번째 줄]

RECT 구조체에 대해 입력과 출력을 처리할 함수 포인터 멤버를 추가합니다.

[11번째 줄]

RECT 구조체를 초기화시킬 InitRect( )를 선언합니다.

[example_2_1_1_Rect.c]

```c
1   #include <stdio.h>
2   #include <string.h>
3   #include "example_2_1_1_Rect.h"
4   #pragma warning(disable:4996)
5
6   void InputRect(struct RECT* pRect);
7   void OutputRect(const struct RECT* pRect);
8
9   void InitRect(struct RECT* pRect)
10  {
11      memset(pRect, 0, sizeof(struct RECT));
12
13      InitPoint(&pRect->pt1);
14      InitPoint(&pRect->pt2);
15
16      pRect->Input  = InputRect;
17      pRect->Output = OutputRect;
18  }
19
20  void InputRect(struct RECT* pRect)
21  {
22      printf("[영역 입력]\n");
23      pRect->pt1.Input(&pRect->pt1);
24      pRect->pt2.Input(&pRect->pt2);
25  }
26
27  void OutputRect(const struct RECT* pRect)
28  {
29      printf("[영역 출력]\n");
30      pRect->pt1.Output(&pRect->pt1);
31      pRect->pt2.Output(&pRect->pt2);
32  }
```

출력결과

없음

코드설명

[3번째 줄]
RECT 구조체와 POINT 구조체의 정의가 들어있는 Rect.h 파일을 포함시킵니다.

[9번째 줄]
RECT 구조체 초기화 함수를 정의합니다.

이 문제에서 가장 실수하기 쉬운 부분이 13번째와 14번째 줄입니다. RECT 구조체 안에 POINT 구조체가 들어있으므로 RECT 구조체를 사용하기 전에 POINT 구조체까지 초기화시켜야 합니다. RECT 구조체를 사용한다는 말은 POINT 구조체를 사용한다는 말과 같습니다. POINT 구조체는 초기화 함수인 InitPoint( )를 따로 갖고 있으므로 이 함수를 호출하는 것으로 끝납니다.

[20번째 줄]
InputRect( )를 정의합니다. 입력 코드는 POINT 구조체에 내장되어 있으므로 POINT 구조체에게 처리하라고 하면 됩니다. 각각의 POINT 구조체 멤버에 대해 Input 함수를 호출합니다.

이 부분에 대해 어떻게 느낄지 모르지만 객체의 힘을 보여주는 코드라고 저는 생각합니다. RECT 구조체는 POINT 구조체에 대해 몰라도 입력이 가능합니다. 그냥 입력 함수를 호출해 주면 되니까요. 이와 같은 코드는 C++를 공부하게 되면 신물나게 보게 될 것입니다.

[example_2_1_1_main.c]

```
1   #include <stdio.h>
2   #include "example_2_1_1_Rect.h"
3   #pragma warning(disable:4996)
4
5   void main(void)
6   {
7       struct RECT rect;
8       InitRect(&rect);
9
10      rect.Input(&rect);
```

```
11        rect.Output(&rect);
12    }
```

● **출력결과**

[영역 입력]

x : 11

y : 33

x : 22

y : 77

[영역 출력]

x : 11

y : 33

x : 22

y : 77

● **코드설명**

[7번째 줄]

RECT 구조체 변수를 선언하고 초기화시킵니다. 누차 얘기했듯이 초기화 계열의 함수 호출을 깜
박하면 어떤 결과가 나올지 알 수 없습니다.

[10번째 줄]

입력하고 출력합니다. 어떤 함수를 사용해서 입력할지 출력할지 고민하지 않습니다. 구조체 안에
들어있으니까요.

과연, 파일을 5개나 만들어야 했을까요? 이 부분에 대해 의문을 느낀다면 아직 수련이
필요하다는 뜻입니다. 다만 여러 개의 파일을 만들기 귀찮을 수는 있지만, 각각의 구조
체를 별도로 처리해야 하는 것은 너무 당연합니다.

RECT 구조체 대신 TRIANGLE 구조체를 사용한다고 가정합시다. POINT 구조체에
Input과 Output 함수가 없다면 TRIANGLE 구조체는 이들에 대해 입력과 출력 코드를
또 만들어야 합니다. 그러나, 지금은 입력과 출력 코드가 있기 때문에 해당 구조체의 입출
력 함수를 호출하는 것으로 끝납니다. 작업이 편해지고 쉬워지고 버그가 사라집니다.

대신 성능이 떨어지고 메모리 사용량이 늘어납니다. 분명히 말하지만, 저는 이와 같은
상황에서 버그 없는 코드를 원합니다. 성능은 안정성이 담보된 상태에서만 가능하다고
생각합니다.

2. 코드와 설명

[example_2_1_2_Stack.h]

```
1   enum {STACK_SIZE = 1024};
2
3   struct STACK
4   {
5       int stack[STACK_SIZE];
6       int top;
7
8       void (* Push)(struct STACK*, int);
9       int (* Pop)(struct STACK*);
10      int (* IsEmpty)(struct STACK*);
11  };
12
13  void InitStack(struct STACK* pStack);
```

◉ 출력결과

없음

◉ 코드설명

[1번째 줄]
스택의 크기를 정의합니다. 최대 1024개의 정수를 저장할 수 있는 스택을 생성합니다.

[3번째 줄]
STACK 구조체를 정의합니다. 기존 구조체 멤버 외에 스택의 동작을 정의하는 3개의 멤버를 추
가했습니다. 이들 함수는 모두 자기자신, 즉 STACK 구조체를 매개 변수로 받습니다.

Push 멤버는 넣기, Pop 멤버는 빼기, IsEmpty 멤버는 스택에 데이터가 존재하는지 검사합니다.

Pop과 IsEmpty 멤버는 반드시 함께 사용해야 합니다. 자세한 내용은 자료구조 서적을 참고하십시오.

[13번째 줄]
스택을 초기화할 InitStack( )를 선언합니다.

[example_2_1_2_Stack.c]

```
1    #include "example_2_1_2_Stack.h"
2
3    void Push(struct STACK* pStack, int data)
4    {
5        pStack->stack[pStack->top++] = data;
6    }
7
8    int Pop(struct STACK* pStack)
9    {
10       return pStack->stack[--pStack->top];
11   }
12
13   int IsEmpty(struct STACK* pStack)
14   {
15       return pStack->top == 0;
16   }
17
18   void InitStack(struct STACK* pStack)
19   {
20       pStack->top = 0;
21
22       pStack->Push    = Push;
23       pStack->Pop     = Pop;
24       pStack->IsEmpty = IsEmpty;
25   }
```

○ 출력결과

없음

코드설명

[1번째 줄]

STACK 구조체의 정의를 포함하고 있는 Stack.h 파일을 포함시킵니다.

[3번째 줄]

넣는 동작을 수행하는 Push( )를 정의합니다. 매개 변수로는 데이터 외에 데이터가 저장될
STACK 구조체를 함께 받습니다. STACK 구조체를 매개 변수로 받지 않으면 프로그램에서 한
개의 스택밖에 사용하지 못하기 때문에 제약이 많이 따르게 됩니다.

[8번째 줄]

빼기 동작을 수행하는 Pop( )를 정의합니다.

[13번째 줄]

요소가 들어있는지 검사하는 IsEmpty( )를 정의합니다. 이 함수는 요소가 하나도 없을 때 참(0이
아닌 값)을 반환합니다. 이 함수는 Pop( )를 호출하기 전에 반드시 호출해서 요소가 존재한다는 것
을 검증하기 위해 사용합니다. 이 함수가 없으면 Pop( )는 스택이 빈 상태에서 호출할 수 있기 때
문에 배열 첨자가 음수로 바뀌게 됩니다. Pop( )는 IsEmpty( )와 함께 사용하는 깃이 관례입니다.

Push( )에서 배열이 찬 것(Full Status)을 검증하지 않는 것은 동적 배열을 사용해서 꾸미는 것이
보통이기 때문입니다. malloc( )로 스택을 구현하면, 메모리가 부족하지 않다면 배열이 꽉 차는
일은 발생할 수 없습니다. 자세한 내용은 자료구조 서적을 참고하십시오.

[example_2_1_2_main.c]

```
1    #include <stdio.h>
2    #include "example_2_1_2_Stack.h"
3    #pragma warning(disable:4996)
4
5    void main(void)
6    {
7        struct STACK stack;
8        int menu, data;
9
10       InitStack(&stack);
11
```

```
12      while( 1 )
13      {
14          printf("[0] 종료 [1] 넣기 [2] 빼기 - ");
15          scanf("%d", &menu);
16
17          if(menu == 0)
18              break;
19
20          switch(menu)
21          {
22          case 1 :
23              printf("Push : ");
24              scanf("%d", &data);
25              stack.Push(&stack, data);
26              break;
27
28          case 2 :
29              if(!stack.IsEmpty(&stack))
30              printf("Pop  : %d\n", stack.Pop(&stack));
31              break;
32          }
33      }
34  }
```

● 출력결과

[0] 종료 [1] 넣기 [2] 빼기 - 2
[0] 종료 [1] 넣기 [2] 빼기 - 1
Push : 1
[0] 종료 [1] 넣기 [2] 빼기 - 1
Push : 3
[0] 종료 [1] 넣기 [2] 빼기 - 1
Push : 5
[0] 종료 [1] 넣기 [2] 빼기 - 2
Pop : 5
[0] 종료 [1] 넣기 [2] 빼기 - 2
Pop : 3
[0] 종료 [1] 넣기 [2] 빼기 - 2
Pop : 1

[0] 종료 [1] 넣기 [2] 빼기 – 2
[0] 종료 [1] 넣기 [2] 빼기 – 0

● **코드설명**

[7번째 줄]
STACK 구조체 변수를 선언하고 10번째 줄에서 초기화시킵니다.

[25번째 줄]
넣기 동작을 수행합니다. 스택의 크기가 1024이므로 1024개까지의 정수를 넣을 수 있습니다.

[29, 30번째 줄]
검사와 빼기 동작을 수행합니다. 빼기 동작(Pop)을 수행하기 전에 반드시 검사(IsEmpty)하는 것을 잊지 마십시오. 데이터가 존재할 때만 뺄 수 있습니다.

스택을 구현하는 방법에는 여러 가지가 있습니다. 이번 방법이 최선은 아닙니다. 그저 함수 포인터를 스택과 연결지을 수 있다는 것을 보여줄 뿐입니다.

뒤에서 보면 알겠지만, 지금과 같은 기술은 굉장히 유용합니다. 필요로 하는 코드가 구조체 안에 모두 있기 때문에 다른 곳을 뒤지는 수고를 할 필요가 없게 됩니다.

1. 코드와 설명 _ [example_2_2_1.c]

```c
1   #include <stdio.h>
2   #pragma warning(disable:4996)
3
4   int Add( int n1, int n2 );
5   int Subtract(int n1, int n2);
6   int Multiply(int n1, int n2);
7   int Divide(int n1, int n2);
8   int Modular(int n1, int n2);
9
10  int (* GetFuncPointer(int menu))(int, int);
11
12  void main(void)
13  {
14      int menu, n1, n2;
15
16      while(1)
17      {
18          printf("[0] 종료 [1] 덧셈 [2] 뺄셈 [3] 곱셈 [4] 나눗셈 [5] 나머지 - ");
19          scanf("%d", &menu);
20
21          if(menu < 0 || menu > 5)
22              continue;
23
24          if(menu == 0)
25              break;
26
27          printf("정수 : ");        scanf("%d", &n1);
28          printf("정수 : ");        scanf("%d", &n2);
29
30          printf("결과 : %d\n\n", GetFuncPointer(menu)(n1, n2));
31      }
32  }
33
34  int (* GetFuncPointer(int menu))(int, int)
35  {
```

```
36          static int (* FuncArray[])(int, int) =
            {
                NULL, Add, Subtract, Multiply, Divide, Modular
            };
37
38          return FuncArray[menu];
39      }
40
41  int Add( int n1, int n2 )
42  {
43          return n1+n2;
44  }
45
46  int Subtract( int n1, int n2 )
47  {
48          return n1-n2;
49  }
50
51  int Multiply( int n1, int n2 )
52  {
53          return n1*n2;
54  }
55
56  int Divide( int n1, int n2 )
57  {
58          return n1/n2;
59  }
60
61  int Modular( int n1, int n2 )
62  {
63          return n1%n2;
64  }
```

○ 출력결과

[0] 종료 [1] 덧셈 [2] 뺄셈 [3] 곱셈 [4] 나눗셈 [5] 나머지 - 1
정수 : 7
정수 : 3
결과 : 10

[0] 종료 [1] 덧셈 [2] 뺄셈 [3] 곱셈 [4] 나눗셈 [5] 나머지 − 2

정수 : 7

정수 : 3

결과 : 4

[0] 종료 [1] 덧셈 [2] 뺄셈 [3] 곱셈 [4] 나눗셈 [5] 나머지 − 3

정수 : 7

정수 : 3

결과 : 21

[0] 종료 [1] 덧셈 [2] 뺄셈 [3] 곱셈 [4] 나눗셈 [5] 나머지 − 4

정수 : 7

정수 : 3

결과 : 2

[0] 종료 [1] 덧셈 [2] 뺄셈 [3] 곱셈 [4] 나눗셈 [5] 나머지 − 5

정수 : 7

정수 : 3

결과 : 1

[0] 종료 [1] 덧셈 [2] 뺄셈 [3] 곱셈 [4] 나눗셈 [5] 나머지 − 0

🔵 코드설명

[10번째 줄]

함수 포인터를 반환하는 GetFuncPointer( )를 선언합니다. 역시 어려운 코드라는 생각이 듭니다. 어떨 땐 저도 헷갈릴 때가 있습니다. 아니, 사실 자주 헷갈립니다.

[30번째 줄]

반환한 함수 포인터를 별도 변수에 저장하지 않고 직접 반환값을 사용해서 선택 함수를 호출합니다. 첫 번째 ()의 menu는 함수를 선택하고, 두 번째 ()의 n1과 n2는 선택한 함수에 전달되는 매개 변수입니다.

[34번째 줄]

GetFuncPointer( ) 함수를 정의합니다. 다음은 이 함수를 구성하는 요소들이 해석되는 순서를 보여줍니다.

```
    5  3        1            2        4
    int (* GetFuncPointer(int menu))(int, int)
```

1번은 함수 이름, 2번은 함수에 전달되는 매개 변수, 3번은 반환값이 포인터(*)라는 뜻. 4번과 5번은 해석이 끝나지 않은 포인터에 연계되는 코드로 4번은 함수의 매개 변수, 5번은 그 함수의 반환값이 됩니다. 다시 말해 3번이 4번에 나온 ( ) 때문에 함수를 가리키게 되고, 4번과 5번이 함수를 구성하는 요소로 해석됩니다.

이번 코드는 앞에서 나온 함수 포인터 배열과 관련된 코드를 수정한 코드입니다. 배열의 요소에 접근하는 코드에 대해 반환값을 사용하도록 살짝 수정했습니다. 다시 봐도 반환값은 정말 재밌는 코드입니다.

2. 코드와 설명 _ [example_2_2_2.c]

```
1    #include <stdio.h>
2    #pragma warning(disable:4996)
3
4    void PrintBinary(unsigned char lights);
5    unsigned char SwitchOn(unsigned char lights, int pos);
6    unsigned char SwitchOff(unsigned char lights, int pos);
7    unsigned char SwitchReverse(unsigned char lights, int pos);
8
9    unsigned char (* GetFuncPointer(int menu))(unsigned char, int);
10
11   void main(void)
12   {
13       unsigned char lights = 0x3C;          // 0011 1100
14       int menu, pos;
15
16       while(1)
17       {
18           printf("[0] 종료 [1] 출력 [2] 켜기 [3] 끄기 [4] 반전 - ");
19           scanf("%d", &menu);
20
21           if(menu < 0 || menu > 4)
22               continue;
23
24           if(menu == 0)
25               break;
26
```

```
27              if(menu != 1)
28              {
29                  printf("위치 : ");
30                  scanf("%d", &pos);
31
32                  lights = GetFuncPointer(menu)(lights, pos);
33              }
34
35          printf("결과 : ");
36          PrintBinary(lights);
37      }
38  }
39
40  unsigned char (* GetFuncPointer(int menu))(unsigned char, int)
41  {
42      static unsigned char (* FuncArray[])(unsigned char, int) =
        {
            SwitchOn, SwitchOff, SwitchReverse
        };
43
44      return FuncArray[menu-2];
45  }
46
47  void PrintBinary(unsigned char lights)
48  {
49      unsigned char mask = 0x80;
50
51      while(mask > 0)
52      {
53          printf("%d", (lights&mask) == mask);
54          mask >>= 1;
55      }
56      printf("\n");
57  }
58
59  unsigned char SwitchOn(unsigned char lights, int pos)
60  {
61      return lights | (1<<pos);
62  }
63
64  unsigned char SwitchOff(unsigned char lights, int pos)
65  {
```

```
66          return lights & ~(1<<pos);
67      }
68
69      unsigned char SwitchReverse(unsigned char lights, int pos)
70      {
71          return lights ^ (1<<pos);
72      }
```

◉ 출력결과

[0] 종료 [1] 출력 [2] 켜기 [3] 끄기 [4] 반전 – 1
결과 : 00111100

[0] 종료 [1] 출력 [2] 켜기 [3] 끄기 [4] 반전 – 2
위치 : 7
결과 : 10111100

[0] 종료 [1] 출력 [2] 켜기 [3] 끄기 [4] 반전 – 2
위치 : 6
결과 : 11111100

[0] 종료 [1] 출력 [2] 켜기 [3] 끄기 [4] 반전 – 3
위치 : 7
결과 : 01111100

[0] 종료 [1] 출력 [2] 켜기 [3] 끄기 [4] 반전 – 3
위치 : 6
결과 : 00111100

[0] 종료 [1] 출력 [2] 켜기 [3] 끄기 [4] 반전 – 4
위치 : 7
결과 : 10111100

[0] 종료 [1] 출력 [2] 켜기 [3] 끄기 [4] 반전 – 4
위치 : 7
결과 : 00111100

[0] 종료 [1] 출력 [2] 켜기 [3] 끄기 [4] 반전 – 0

코드설명

[4번째 줄]
PrintBinary( )를 제외한 Switch로 시작하는 함수들만 자료형이 같습니다. PrintBinary( )는 자료형이 다르기 때문에 반환값에 사용하지 못합니다.

[13번째 줄]
부호 없는 1바이트 정수로 lights 변수를 선언합니다. 부호가 있을 경우, 오른쪽 시프트(>>) 연산에서 1로 채워지기 때문에 부호를 없앴습니다. 초기값으로 가운데 4개의 비트가 켜진 0x3C를 사용했습니다. 오른쪽 주석에 있는 값입니다.

[27번째 줄]
출력 메뉴가 아니라면 함수 포인터를 사용해서 선택 함수를 호출합니다. 출력 메뉴는 별도로 실행할 수도 있지만 다른 메뉴가 실행되고 나면 무조건 실행되도록 처리했습니다. pos 변수는 0부터 7까지의 정수로 선택 메뉴를 적용하고 싶은 비트 번호를 가리킵니다.

[32번째 줄]
돌려받은 함수 포인터 반환값을 사용해서 직접 함수를 호출합니다. 매개 변수는 두 개, 반환값은 unsigned char입니다.

[40번째 줄]
함수 포인터 배열의 요소를 반환하는 GetFuncPointer( )를 정의합니다. 반환값과 매개 변수에 unsigned 키워드가 붙어 좀더 복잡한 형태가 됐습니다. 44번째 줄에서 선택 메뉴와 함수 포인터의 간격을 없애기 위해 2를 뺍니다.

[47번째 줄]
1바이트 부호 없는 정수를 2진수의 형태로 출력하는 PrintBinary( )를 정의합니다. 여러 가지 코드가 있을 수 있기 때문에 여러분이 작성한 코드와 차이가 있을 수 있습니다. 비트 연산자를 공부하는 게 아니기 때문에 코드가 다른 것은 중요하지 않겠습니다.

[59번째 줄]
스위치를 켜는 SwitchOn( )를 정의합니다. 세 번째 비트를 켠다면 00001000이란 값과 lights를 | 연산자로 묶으면 됩니다. lights 변수의 세 번째 비트에 상관없이 결과는 무조건 켜집니다. 00001000이란 값을 만들기 위해 1을 pos만큼 왼쪽으로 시킵니다(1<<pos). 결국 00000001이란 값을 왼쪽으로 이동시키면 오른쪽 끝은 0으로 채워지므로 00001000이란 값을 얻을 수 있습니다. 이들을 결합하면 61번째 줄의 코드가 나옵니다.

[64번째 줄]
스위치를 끄는 SwitchOff( )를 정의합니다. ~ 연산자가 들어가기 때문에 SwitchOn( )에 비해 좀더 어렵습니다. 설명은 생략합니다.

[69번째 줄]

스위치를 반전시키는 SwitchReverse( )를 정의합니다. ^ 연산자를 모르면 이해할 수 없는 코드일 것입니다. 00001000과 ^ 연산을 하게 되면, 0과 만나는 부분은 예전 상태를 유지하고 1과 만나는 부분은 뒤집힙니다. 서로 다를 때 참이 되기 때문입니다.

너무 쉬운 문제들로 연습 문제를 구성하는 것 같아서 조금이나마 알고리즘이 필요한 문제를 제시해 봤습니다. 대부분 비트 연산자를 사용할 일이 없기 때문에 굉장히 어려워합니다. 비트 연산 코드를 이해하려면 출력결과가 맞게 나오는지 이해하는 것부터 시작하는 것이 좋습니다.

```
1   #include <stdio.h>
2   #include <stdlib.h>
3   #pragma warning(disable:4996)
4
5   enum {ARRAY_SIZE = 20};
6
7   void FillRandom(int* array, int size);
8   void Print(int* array, int size);
9   int Find(int* array, int size, int value, int (* comp)(int, int));
10  int IsBigger( int n1, int n2);
11
12  void main(void)
13  {
14      int array[ARRAY_SIZE];
15      int value, result;
16
17      FillRandom( array, ARRAY_SIZE);
18      Print(array, ARRAY_SIZE);
19      printf("종료 - 음수 입력\n\n");
20
21      while(1)
22      {
23          printf("검색 : ");
24          scanf("%d", &value);
25
26          if(value < 0)
27              break;
28
29          result = Find(array, ARRAY_SIZE, value, IsBigger);
30
31          if(result != -1)
32              printf("결과 : %d번째[%d]\n", result, array[result]);
33          else
34              printf("결과 : 없음\n");
35      }
36  }
```

```
37
38   void FillRandom(int* array, int size)
39   {
40       int i;
41       for(i = 0; i < size; i++)
42           array[i] = rand() % 100;
43   }
44
45   void Print(int* array, int size)
46   {
47       int i;
48       for(i = 0; i < size; i++)
49       {
50           printf("%3d ", array[i]);
51
52           if(i%10 == 9)
53               printf( "\n");
54       }
55   }
56
57   int Find(int* array, int size, int value, int (* comp)(int, int))
58   {
59       int i;
60       for( i = 0; i < size; i++ )
61       {
62           if(comp(array[i], value) == comp(value, array[i]))
63               return i;
64       }
65
66       return -1;
67   }
68
69   int IsBigger(int n1, int n2)
70   {
71       return n1 > n2;
72   }
```

⊙ **출력결과**

```
41  67  34   0  69  24  78  58  62  64
 5  45  81  27  61  91  95  42  27  36
```

종료 - 음수입력

검색 : 27
결과 : 13번째[27]
검색 : 78
결과 : 6번째[78]
검색 : 99
결과 : 없음
검색 : -1

⊙ **코드설명**

[7번째 줄]
배열을 난수로 채우는 FillRandom( )와 출력하는 Print( )를 선언합니다. 이들 함수의 자료형이 같기 때문에 함수 포인터를 사용할 수도 있지만 사용하지 않았습니다. 뒤에 가면 이런 코드를 기존에 있는 코드와 결합하는 것에 대해 공부합니다. 그때는 코딩할 것이 없기 때문에 당연히 함수 포인터를 사용하게 될 것입니다.

[9번째 줄]
IsBigger( )를 사용해서 요소를 검색하는 Find( )를 선언합니다. IsBigger( )는 Find( )의 마지막 매개 변수로 전달됩니다. Find( )의 마지막 매개 변수는 함수 포인터입니다.

[17번째 줄]
배열을 초기화하고 검색할 숫자를 입력하기 위해 초기값을 모니터에 출력합니다.

[21번째 줄]
음수를 입력할 때까지 반복합니다. FillRandom( )는 0과 양수만으로 배열을 채우기 때문에 음수를 프로그램 종료로 사용했습니다.

[29번째 줄]
Find( )를 호출하고, IsBigger( )를 비롯해서 배열과 배열의 크기, 검색할 값을 전달했습니다. Find( )의 반환값은 검색 성공여부뿐만 아니라 성공할 경우의 위치를 알려줍니다. -1을 반환했다는 뜻은 찾지 못했다는 것을 뜻합니다.

[57번째 줄]
Find( )를 정의합니다. 찾는 요소가 있으면 요소의 위치를 가리키는 정수를 반환하고, 없으면 배열

범위를 벗어난 -1을 반환합니다. 첫 번째와 두 번째 매개 변수는 배열과 배열의 크기, 세 번째는
검색할 값, 네 번째는 검색에 사용할 함수 포인터입니다.

[62번째 줄]

매개 변수로 전달된 IsBigger( )를 사용해서 찾는 요소가 맞는지 검사하고 있습니다. 특이하게 두
번에 걸쳐 이 함수를 호출합니다. 같은지 검사하려면 == 연산자를 사용하는 것이 좋지만, 여기서
는 〉 연산자만으로 비교하기 때문에 한 번만 호출해서는 검증할 수 없습니다. 두 번 호출하는 과
정에서 정말로 특이한 점은 매개 변수를 전달할 때 뒤집어서 전달하는 것입니다.

매개 변수를 뒤집게 되면, IsBigger( ) 내부에서는 "크다"가 아닌 "작다(〈)" 연산자로 비교하는 것이
됩니다. 결국 첫 번째 호출은 array[i]가 value보다 클 때, 두 번째 호출은 value보다 작을 때 참이
됩니다. IsBigger( )의 특성상 두 가지 모두 참이 되는 경우는 존재하지 않습니다. 모두 참이라는 것
은 array[i]가 value보다 크고 value도 array[i]보다 크다는 것을 말하는데, 이는 모순입니다.

어느 한쪽이 크거나 작을 경우, 둘 중의 하는 참이 되고 하나는 거짓이 됩니다. 따라서 같지 않은
경우에는 참과 거짓으로 반환값이 엇갈립니다. 같은 경우에는 양쪽 모두 상대보다 크지 않기 때
문에 두 번의 호출이 모두 거짓을 반환합니다. 앞서 말했듯이 이들 호출에서는 모두 참인 경우는
존재하지 않습니다.

이 코드는 다음과 같이 표현할 수도 있습니다. 어느 것이 좋다기보다는 선택의 문제인 것 같습니다.

1. if(comp(array[i], value) == 0 && comp(value, array[i]) == 0)
2. if(!comp(array[i], value) && !comp(value, array[i]))

이 방법들은 양쪽 호출 모두 거짓이 되어야 한다는 것을 분명히 보여주기 때문에 가독성에서 좋
습니다. 다만 연산자를 세 번씩 사용했기 때문에 기분이 좋지 않을 수 있습니다. 물론 연산자를
많이 사용했다고 해서 성능이 떨어지는 것은 아닙니다. 이 방법들은 모두 && 연산자로 묶였기
때문에 첫 번째 결과가 참이 아닐 경우 두 번째 호출을 하지 않습니다. (IsBigger( ) 호출이 참이
아니라 0과 같은지 비교하는 코드의 결과가 참이 아니어야 합니다.) 그러나, 62번째 줄의 코드는
== 연산자만 사용하기 때문에 무조건 두 번째 함수를 호출해야 한다는 단점이 있습니다. 함수 포
인터를 사용했기 때문에 인라인(inline)이라는 특성을 사용할 수도 없어 매번 함수 호출에 대한
비용을 물어야 합니다. 엄밀히 말하면 지금 코드가 더 좋은 것 같습니다.

[69번째 줄]

IsBigger( )를 정의합니다. 정수 두 개를 매개 변수로 받아서 첫 번째 매개 변수가 클 때 참을 반
환합니다. 작다면 거짓인 0을 반환합니다. 검색에 성공할 때까지 배열 모든 요소에 대해 호출되
기 때문에 이 함수에 배열이 등장할 필요는 없겠습니다.

상등성(equality)과 동등성(equivalence)이란 개념에 대해 들어본 적이 있는지요? 저는 스캇 메이어스(Scott Meyers)의 『이펙티브 STL』이란 책에서 처음 봤습니다. 대부분의 상황에서는 그냥 같으면 끝나는 건데[상등성], 가끔 내부적인 문제 때문에 "같다"라는 표현을 직접적으로 쓸 수 없을 때가 있습니다. 가령, 어떤 사람을 코가 잘 생기고 어떤 사람은 눈이 잘 생겼다면, 이들 중에 누가 잘 생겼는지 판단하기 어렵습니다. 상대방이 나보다 낫다고 얘기할 수 없기 때문에[동등성], 결국 "같다"라고 얘기할 수밖에 없습니다. 어느 한쪽도 우세하지 않을 때 사용하는 개념입니다.

IsBigger()는 상등성을 표현하지는 않지만 동등성을 표현하기에는 충분한 기능을 갖고 있습니다. 별것 아닐 수도 있지만 동등성을 적용하면 하나의 함수로 "크다"와 "작다", "같다"를 모두 표현할 수 있습니다. 성능이 가장 중요한 요소가 아닌 상황이라면, 여러 번에 걸쳐 호출하기는 하지만 하나로 모든 문제를 해결할 수 있기 때문에 폭넓게 사용할 수 있는 기술입니다. 동등성, 알아두시기 바랍니다.

2. 코드와 설명 _ [example_2_3_2.c]

```c
1    #include <stdio.h>
2    #pragma warning(disable:4996)
3
4    void PrintBinary(unsigned char lights);
5    unsigned char SwitchOn(unsigned char lights, int pos);
6    unsigned char SwitchOff(unsigned char lights, int pos);
7    unsigned char SwitchReverse(unsigned char lights, int pos);
8
9    unsigned char ProcessSwitch(
                 unsigned char (* func)(unsigned char, int),
                 unsigned char lights, int pos);
10
11   void main(void)
12   {
13       unsigned char (* FuncArray[])(unsigned char, int) =
         {
             NULL, NULL, SwitchOn, SwitchOff, SwitchReverse
         };
```

```
14        unsigned char lights = 0x3C;           // 0011 1100
15        int menu, pos;
16
17        while(1)
18        {
19            printf("[0] 종료 [1] 출력 [2] 켜기 [3] 끄기 [4] 반전 - ");
20            scanf("%d", &menu);
21
22            if(menu < 0 || menu > 4)
23                continue;
24
25            if(menu == 0)
26                break;
27
28            if(menu != 1)
29            {
30                printf("위치 : ");
31                scanf("%d", &pos);
32
33                lights = ProcessSwitch( FuncArray[menu],
                                         lights, pos );
34            }
35
36            printf("결과 : ");
37            PrintBinary(lights);
38        }
39    }
40
41    void PrintBinary(unsigned char lights)
42    {
43        unsigned char mask = 0x80;
44
45        while(mask > 0)
46        {
47            printf("%d", (lights&mask) == mask);
48            mask >>= 1;
49        }
50        printf("\n");
51    }
52
```

```
53   unsigned char ProcessSwitch(
                  unsigned char (* func)(unsigned char, int),
                  unsigned char lights, int pos)
54   {
55       return func( lights, pos);
56   }
57
58   unsigned char SwitchOn(unsigned char lights, int pos)
59   {
60       return lights | (1<<pos);
61   }
62
63   unsigned char SwitchOff(unsigned char lights, int pos)
64   {
65       return lights & ~(1<<pos);
66   }
67
68   unsigned char SwitchReverse(unsigned char lights, int pos)
69   {
70       return lights ^ (1<<pos);
71   }
```

◯ **출력결과**

[0] 종료 [1] 출력 [2] 켜기 [3] 끄기 [4] 반전 – 1
결과 : 00111100

[0] 종료 [1] 출력 [2] 켜기 [3] 끄기 [4] 반전 – 2
위치 : 7
결과 : 10111100

[0] 종료 [1] 출력 [2] 켜기 [3] 끄기 [4] 반전 – 2
위치 : 6
결과 : 11111100

[0] 종료 [1] 출력 [2] 켜기 [3] 끄기 [4] 반전 – 3
위치 : 7
결과 : 01111100

[0] 종료 [1] 출력 [2] 켜기 [3] 끄기 [4] 반전 – 3
위치 : 6
결과 : 00111100

[0] 종료 [1] 출력 [2] 켜기 [3] 끄기 [4] 반전 - 4

위치 : 7

결과 : 10111100

[0] 종료 [1] 출력 [2] 켜기 [3] 끄기 [4] 반전 - 4

위치 : 7

결과 : 00111100

[0] 종료 [1] 출력 [2] 켜기 [3] 끄기 [4] 반전 - 0

◯ 코드설명

[9번째 줄]

함수 포인터를 매개 변수로 받는 ProcessSwitch( )를 선언합니다. 이전 장에서는 이 부분에 함수 포인터를 반환하는 GetFuncPointer( )가 있었습니다.

[13번째 줄]

함수 포인터 배열을 선언합니다. menu에서 2를 빼지 않기 위해 첫 번째와 두 번째 요소에 NULL 포인터를 넣었습니다.

[33번째 줄]

GetFuncPointer( ) 대신 ProcessSwitch( )를 호출합니다. 첫 번째 매개 변수로 함수 포인터 배열의 요소를 전달하고, 두 번째와 세 번째는 선택 함수가 사용할 데이터를 전달합니다. 함수 포인터를 매개 변수로 전달하는 것은 많이 봤기 때문에 지금이라면 어렵지 않을 것 같습니다.

[53번째 줄]

ProcessSwitch( )를 정의합니다. 이름이 긴 unsigned char 자료형이 자꾸 등장해서 쓸데없이 복잡해 보입니다. 두 번째와 세 번째 매개 변수를 전달된 함수의 매개 변수로 다시 전달하는 것을 빼면 특기할 코드는 없습니다.

이전 장에서 풀었던 반환값을 사용한 방법보다 이 방법이 일반적입니다. 어떤 함수를 사용하는지 숨기기보다는 드러내는 쪽이 실전에서는 자주 나타납니다.

1. 코드와 설명 _ [example_2_4_1_int.c]

```c
1   #include <stdio.h>
2   #include <conio.h>
3   #include <stdlib.h>
4   #include <string.h>
5   #pragma warning(disable:4996)
6
7   enum { ARRAY_SIZE = 20 };
8
9   void FillRandom(int* array, int size);
10  void Print(int* array, int size);
11
12  void Selection(void* array, int count, int typesize,
                    int (* cmp)(const void*, const void*));
13  void SelectionSort(void* array, int count, int typesize,
                        int (* cmp)(const void*, const void*));
14  int CompareInt(const void* p1, const void* p2);
15
16  void main(void)
17  {
18      int array[ARRAY_SIZE];
19
20      do
21      {
22          FillRandom(array, ARRAY_SIZE);
23          SelectionSort(array,
                          ARRAY_SIZE, sizeof(array[0]), CompareInt);
24          Print(array, ARRAY_SIZE);
25
26          printf("종료[space]\n");
27      }
28      while(getch() != ' ');
29  }
30
```

```
31   void FillRandom(int* array, int size)
32   {
33     int i;
34     for(i = 0; i < size; i++)
35         array[i] = rand() % 100;
36   }
37
38   void Print(int* array, int size)
39   {
40       int i;
41       for(i = 0; i < size; i++)
42       {
43           printf("%3d ", array[i]);
44
45           if(i%10 == 9)
46               printf("\n");
47       }
48   }
49
50   void Selection(void* array, int count, int typesize,
                     int (* cmp)(const void*, const void*))
51   {
52       char* base = array, * buf = malloc(typesize);
53       int i, MaxPos = 0;
54       for(i = 1; i < count; i++)
55       {
56           if(cmp(base+i*typesize, base+MaxPos*typesize) > 0)
57               MaxPos = i;
58       }
59
60       memcpy(buf, base+(count-1)*typesize, typesize);
61       memcpy(base+(count-1)*typesize,
                   base+MaxPos*typesize, typesize);
62       memcpy(base+MaxPos*typesize, buf, typesize);
63
64       free(buf);
65   }
66
```

```
67   void SelectionSort(void* array, int count, int typesize,
                        int (* cmp)(const void*, const void*))
68   {
69       int i;
70       for(i = count; i > 1; i--)
71           Selection(array, i, typesize, cmp);
72   }
73
74   int CompareInt(const void* p1, const void* p2)
75   {
76       return *(int*) p2 - *(int*) p1;
77   }
```

출력결과

```
95  91  81  78  69  67  64  62  61  58
45  42  41  36  34  27  27  24   5   0
종료[space]
99  95  94  92  91  82  71  69  67  53
47  38  35  26  21  18  16  12   4   2
종료[space]
78  73  68  64  62  59  57  53  47  44
41  41  37  33  29  23  22  11  11   3
종료[space]
```

코드설명

[9번째 줄]

본문에 나왔던 코드를 그대로 사용했습니다. 난수로 채우는 FillRandom( )와 출력하는 Print( )를 선언합니다.

[12번째 줄]

선택 정렬과 관련된 함수를 선언합니다. 14번째 줄의 CompareInt( )는 정수를 내림차순으로 정렬하기 위한 비교 함수입니다. 여기서는 오름차순 정렬은 처리하지 않았습니다.

[23번째 줄]

함수 포인터를 매개 변수로 받는 SelectionSort( )를 호출합니다. 두 번째와 세 번째 매개 변수가 결합되어서 전체 배열의 크기가 결정됩니다. 어떤 종류의 배열인지 알 수 없으므로 단위는 바이트입니다. 본문에서는 int 자료형 20개라고 얘기하면 됐지만, 지금은 자료형을 모르기 때문에 4

바이트 자료형 20개라고 해야 합니다. 그래서 추가적으로 요소의 크기를 가리키는 4가 전달될 수밖에 없습니다. 4번째 매개 변수는 비교 함수 포인터로 요소 두 개를 비교해서 어떤 요소가 큰지 알려주는 역할을 합니다.

[50번째 줄]

배열의 마지막 요소를 정렬하는 Selection( )를 정의합니다.

첫 번째 매개 변수는 배열의 시작 주소로 어떤 자료형을 요소로 갖는지 모르기 때문에 void*가 됩니다. void*는 포인터 연산을 수행할 수 없기 때문에 모든 자료형에 대해 일관되게 동작하도록 임시 포인터 변수 base를 사용합니다. base는 char* 자료형이기 때문에 포인터 연산에서 1바이트씩 계산됩니다.

두 번째 매개 변수인 count는 요소 개수, 세 번째인 typesize는 요소의 크기입니다. 배열의 자료형이 int*인 경우에는 자료형의 크기가 sizeof(int)로 그냥 알 수 있지만 지금은 크기를 알 수가 없어서 typesize 매개 변수가 반드시 있어야 합니다.

마지막 매개 변수인 cmp는 어떤 자료형의 주소를 두 개 받아서 결과를 반환하는 함수 포인터입니다. 배열에 어떤 자료형이 들어있는지 모르므로 cmp 함수의 매개 변수도 결정할 수 없어서 void입니다. 여기에 요소를 비교만 하기 때문에 const 키워드도 붙였습니다. cmp 함수는 strcmp( )처럼 결과를 세 가지로 반환합니다. 첫 번째 매개 변수를 기준으로 클 때 양수, 작을 때 음수, 같을 때 0을 반환합니다. 단순히 참과 거짓을 반환하는 것보다 이렇게 반환해야 쓸모가 많아집니다.

[52번째 줄]

임시 버퍼인 buf 배열을 선언합니다. 교환할 요소의 자료형을 모르기 때문에 변수 선언을 할 수 없으므로 동적 배열을 이용합니다. 64번째 줄에서 사용이 끝난 배열을 해제합니다.

[56번째 줄]

두 개의 요소를 비교해서 더 큰 요소를 판단합니다. 양수를 반환했다는 것은 첫 번째, 다시 말해 i 번째 요소가 지금까지 나온 요소 중에서 가장 크다는 뜻이므로 MaxPos 변수를 수정합니다.

[60번째 줄]

스왑합니다. 자료형을 모르기 때문에 메모리 단위로 스왑하는 것 외에 방법이 없습니다. 여기서 사용하기 위해 52번째 줄에서 임시 버퍼인 buf 배열을 만들었습니다. memcpy( )는 지정한 크기만큼 두 번째 버퍼의 내용을 첫 번째 버퍼로 복사하는 함수입니다.

[67번째 줄]

SelectionSort( )는 선택 정렬을 수행합니다. 전달받은 매개 변수를 그대로 Selection( )에 전달합니다. typesize와 cmp 매개 변수는 Selection( )에서만 사용합니다.

[74번째 줄]

비교 함수인 CompareInt( )를 정의합니다. CompareInt( )를 만드는 시점이 되면, 배열에 들어가는 요소의 자료형을 알 수 있습니다. 가령 int 배열을 갖고 있다든가 문자열 배열을 갖고 있다고 분명하게 얘기할 수 있습니다. 따라서 이들 배열의 자료형에 맞게 비교 함수를 구성해서 선택 정렬 코드와 결합하면 어떤 종류의 배열이건 정렬시킬 수 있습니다.

분명 배열의 자료형을 알고 있다고 얘기했음에도 매개 변수는 void*로 전달됩니다. 절대 int*가 될 수 없습니다. CompareInt( )는 SelectionSort( )의 매개 변수로 전달되기 때문에 SelectionSort( )의 매개 변수 자료형과 일치해야 합니다. CompareInt( )의 문제가 아니라 SelectionSort( )의 제약 때문에 언제나 void*가 됩니다. 그리고, 요소의 주소가 전달된다는 것도 중요합니다. SelectionSort( )에서 자료형을 모르기 때문에 int 자료형으로 전달할 수 있는 방법이 없어서 무조건 요소의 시작 주소를 전달합니다. 현재 배열에 int가 들어있다면 int*가 전달된다는 뜻입니다. CompareInt( ) 내부에서는 자료형을 알 수 있으니까요.

p1과 p2에 대해 직접적으로 접근할 수 없으므로, 먼저 int*로 형변환을 한다면 * 연산자를 붙여서 값으로 변환합니다. 그런 다음 양수나 음수, 0을 반환하기 위해 뺄셈 연산을 수행합니다. p2에서 p1을 뺐기 때문에 이 코드는 내림차순으로 정렬합니다.

배열의 자료형이 void*라는 사실을 이해하면 나머지 코드는 어렵지 않습니다. 자료형을 알고 있다는 사실이 얼마나 행복한지 이번 코드를 통해 느껴봤으면 좋겠습니다. 다음 코드에서는 내림차순뿐만 아니라 오름차순으로도 정렬합니다. 이번 코드에서는 void*에 집중하기 위해 별 것 없다고 생각되는 부분을 제외시켰습니다.

이번 코드야말로 지금까지 나온 어떤 코드보다 함수 포인터를 제대로 설명합니다. 여러분은 CompareInt( )와 같은 간단한 코드를 만들고 SelectionSort( )의 사용법을 익히면 언제든 정렬을 할 수 있습니다. 복잡한 정렬 코드로부터 완전히 해방되는 것입니다. 나중에 CompareInt( )만으로 배열을 정렬하는 코드를 볼 것입니다. 이미 선택 정렬 등의 코드는 우리에게 있습니다.

[example_2_4_1_string.c]

```c
1   #include <stdio.h>
2   #include <stdlib.h>
3   #include <string.h>
4   #pragma warning(disable:4996)
5
6   void Print(char words[][32], int size);
7   void Selection(void* array, int count, int typesize,
                    int (* cmp) (const void*, const void*));
8   void SelectionSort(void* array, int count, int typesize,
                        int (* cmp)(const void*, const void*));
9   int CompareStringAsc(const void* p1, const void* p2);
10  int CompareStringDsc(const void* p1, const void* p2);
11
12  void main(void)
13  {
14      char words[][32] =
15      {
16          "swing", "book", "dance",  "white",  "chocolate",
            "paper", "sea", "buffet", "sports", "bed",
17      };
18
19      printf("[원본]\n");
20      Print(words, sizeof(words)/sizeof(words[0]));
21
22      SelectionSort(words, sizeof(words)/sizeof(words[0]),
                      sizeof(words[0]), CompareStringAsc);
23
24      printf("[오름차순]\n");
25      Print(words, sizeof(words)/sizeof(words[0]));
26
27      SelectionSort(words, sizeof(words)/sizeof(words[0]),
                      sizeof(words[0]), CompareStringDsc);
28
29      printf(c[내림차순]\n");
30      Print(words, sizeof(words)/sizeof(words[0]));
31  }
32
```

```
33   void Print(char words[][32], int size)
34   {
35       int i;
36       for(i = 0; i < size; i++)
37       {
38           printf("%10s ", words[i]);
39
40           if(i%5 == 4)
41               printf("\n");
42       }
43   }
44
45   void Selection(void* array, int count, int typesize,
                    int (* cmp)(const void*, const void*))
46   {
47       char* base = array, * buf = malloc(typesize);
48       int i, MaxPos = 0;
49       for(i = 1; i < count; i++)
50       {
51           if(cmp(base+i*typesize, base+MaxPos*typesize) > 0)
52               MaxPos = i;
53       }
54
55       memcpy(buf, base+(count-1)*typesize, typesize);
56       memcpy(base+(count-1)*typesize,
                base+MaxPos*typesize, typesize);
57       memcpy(base+MaxPos*typesize, buf, typesize);
58
59       free(buf);
60   }
61
62   void SelectionSort(void* array, int count, int typesize,
                        int (* cmp)(const void*, const void*))
63   {
64       int i;
65       for(i = count; i > 1; i--)
66           Selection(array, i, typesize, cmp);
67   }
68
```

```
69   int CompareStringAsc(const void* p1, const void* p2)
70   {
71       return strcmp(p1, p2);
72   }
73
74   int CompareStringDsc(const void* p1, const void* p2)
75   {
76       return strcmp(p2, p1);
77   }
```

○ **출력결과**

[원본]
swing	book	dance	white	chocolate
paper	sea	buffet	sports	bed

[오름차순]
bed	book	buffet	chocolate	dance
paper	sea	sports	swing	white

[내림차순]
white	swing	sports	sea	paper
dance	chocolate	buffet	book	bed

○ **코드설명**

[9번째 줄]

이전 코드에서 생략했기 때문에 이번 코드에서는 오름차순과 내림차순을 함께 적용합니다. 간단한 함수 추가만으로 모두 할 수 있습니다. 선택 정렬 코드는 앞에서 설명했기 때문에 생략합니다. 전혀 수정하지 않았습니다.

[14번째 줄]

문자열 배열을 선언합니다. 10개의 문자열을 갖고 있고, 아시다시피 요소는 문자열입니다. 간혹 char*와 착각하는 분들이 있는데 여기서는 char [32]입니다. 요소의 크기가 달라지기 때문에 주의가 필요합니다.

[22, 27번째 줄]

선택 정렬을 수행합니다. 22번째 줄에서는 SelectionSort( )의 마지막 매개 변수로 문자열 오름차순으로 정렬하는 CompareStringAsc( )를 전달합니다. 27번째 줄에서는 내림차순으로 정렬하는 CompareStringDsc( )를 전달합니다.

[69, 74번째 줄]

갖고 있는 배열은 문자열 배열이므로 전달되는 매개 변수 p1과 p2는 char*가 됩니다. 요소로 있는 32바이트 중에서 첫 번째 바이트의 주소를 전달받습니다. 문자열에 대한 비교는 strcmp( )에 이미 구현되어 있으므로 이 함수를 호출하는 것으로 그만입니다.

SelectionSort(words, sizeof(words)/sizeof(words[0]), sizeof(words[0]), strcmp);

간혹 위와 같이 strcmp( )를 직접 전달하는 경우도 있는데, 이때는 오름차순으로밖에 정렬시킬 수 없습니다. 매개 변수의 순서를 바꿀 수 없으니까요. 더욱이 strcmp( )는 매개 변수의 자료형이 char*이기 때문에 void*와는 다릅니다. C 언어에서는 허용하지만 C++에서는 strcmp( )를 직접 전달할 수 없다는 것도 알아두기 바랍니다.

똑같은 코드로 정수 배열과 문자열 배열을 정렬시켰습니다. 잘 만든 하나 때문에 이후의 작업이 무척 편해졌다는 느낌을 받을 것입니다.

문자열을 넘어 구조체도 정렬시킬 수 있습니다. 비교 함수에 전달되는 자료형이 구조체 주소인 것만 명심하면 됩니다. 나중에 빠른 정렬을 구현한 qsort( ) 설명에서 구조체 정렬이 나오므로 아쉽겠지만 조금 참아주기를 바랍니다.

2. 코드와 설명 _ [example_2_4_2.c]

```
1   #include <stdio.h>
2   #include <ctype.h>
3   #include <string.h>
4   #pragma warning(disable:4996)
5
6   void PrintMatch(char words[][32], int size,
                    int (* check)(const char*));
7   int CheckOk(const char* str);
8   int CheckUppercase(const char* str);
9   int CheckLowercase(const char* str);
10  int CheckLength(const char* str);
11  int CheckFind(const char* str);
12
```

```
13   int  g_length = -1;
14   char g_letter = '\0';
15
16   void main(void)
17   {
18       char words[][32] =
         {
             "Hello", "TEST", "Newyork21", "1492", "memory",
             "MiNoR", "AccesS"
         };
19
20       printf("[전체  ] ");  PrintMatch(words, 7, CheckOk);
21
22       printf("[대문자] ");  PrintMatch(words, 7, CheckUppercase);
23       printf("[소문자] ");  PrintMatch(words, 7, CheckLowercase);
24
25       printf("정수 - ");
26       scanf("%d", &g_length);
27       fflush(stdin);
28       printf("[길이 ] ");  PrintMatch(words, 7, CheckLength);
29
30       printf("문자 - ");
31       scanf("%c", &g_letter);
32       printf("[검색 ] ");  PrintMatch(words, 7, CheckFind);
33   }
34
35   void PrintMatch(char words[][32], int size,
                     int (* check)(const char*))
36   {
37       int i;
38       for(i = 0; i < size; i++)
39       {
40           if(check(words[i]) != 0)
41               printf("%s ", words[i]);
42       }
43       printf("\n");
44   }
45
46   int CheckOk(const char* str)
47   {
48       return 1;
```

```
49  }
50
51  int CheckUppercase(const char* str)
52  {
53      while(*str)
54      {
55          if(isupper(*str++) == 0)
56              return 0;
57      }
58
59      return 1;
60  }
61
62  int CheckLowercase(const char* str)
63  {
64      while(*str)
65      {
66          if(islower(*str++) == 0)
67              return 0;
68      }
69
70      return 1;
71  }
72
73  int CheckLength(const char* str)
74  {
75      return strlen(str) == g_length;
76  }
77
78  int CheckFind(const char* str)
79  {
80      char letter = toupper(g_letter);
81
82      while(*str)
83      {
84          if(toupper(*str++) == letter)
85              return 1;
86      }
87
88      return 0;
89  }
```

출력결과

```
[전체 ] Hello TEST Newyork21 1492 memory MiNoR AccesS
[대문자] TEST
[소문자] memory
정수 - 5
[길이 ] Hello MiNoR
문자 - E
[검색 ] Hello TEST Newyork21 memory AccesS
```

코드설명

[6번째 줄]

특별한 기능을 수행하는 함수 포인터를 매개 변수로 받아서 작업을 대신하는 PrintMatch( )를 선언합니다. PrintMatch( )는 함수 포인터가 반환하는 값에 맞는 문자열만 출력합니다. 함수 포인터는 반드시 참과 거짓 중의 하나를 반환해야 하고, 참을 반환하면 검사에 통과했다고 판단해서 출력하게 됩니다.

[7번째 줄]

메뉴는 4개이지만 전체 요소를 출력하기 위해 추가로 CheckOk( )를 만들었습니다. CheckLength( )와 CheckFind( )는 매개 변수가 하나 더 있어야 하지만 CheckUppercase( )와 CheckLowercase( )에 맞도록 추가 매개 변수를 넣지 않았습니다.

[13번째 줄]

추가 매개 변수 대신 전역 변수를 선언합니다. 매개 변수를 사용하지 않고 함수에서 값을 이용하는 방법은 전역 변수 외에는 없습니다. 주소를 전달하더라도 주소라는 매개 변수가 전달되어야 합니다.

g_length는 CheckLength( )에서 사용하는 전역 변수이고, g_letter는 CheckFind( )에서 사용하는 전역 변수입니다. 이들 변수는 연결된 함수를 사용하기 전에 반드시 초기화되어야 합니다. g_length는 찾고자 하는 길이를, g_letter는 찾고자 하는 문자를 가져야 합니다.

C 언어의 문법으로는 전역 변수를 사용할 수밖에 없지만 C++에서는 훨씬 세련된 해결책을 제시합니다. 이번 문제는 C++와 관련된 내용을 다룰 때 다시 보게 될 것입니다. 비교해 보시기 바랍니다.

[20번째 줄]

문자열 배열에 포함된 모든 요소를 출력합니다(원고에서는 sizeof(words)/sizeof(words[0])이라고 했는데 코드가 길어져서 편집 과정에서 7로 수정했습니다). 여기서부터 시작해서 PrintMatch( )를 5번 호출합니다. CheckOk( )는 모든 경우에 참을 반환하는 단순한 함수이기 때문에 PrintMatch( )

는 모든 문자열에 대해 조건에 맞는다고 판단하게 되고 모든 문자열이 출력됩니다. 전체 문자열을 출력하는 함수를 별도로 만드는 것도 좋지만, 이미 코드를 갖고 있다면 CheckOk( )와 같은 간단한 코드를 만들어서 결합하는 것이 더 좋은 방법입니다.

[26, 31번째 줄]

CheckLength( )와 CheckFind( )를 전달하기 전에 키보드로부터 전역 변수에 직접 입력을 받습니다. 이들 함수는 전역 변수와 연결되어 있기 때문에 반드시 원하는 값으로 채우고 시작해야 합니다.

[35번째 줄]

문자열을 매개 변수로 받는 함수 포인터를 대신 호출하는 PrintMatch( )를 정의합니다. 함수 포인터를 배열의 모든 요소에 대해 반복적으로 호출해서 조건에 맞는 요소만 출력하는 함수입니다.

40번째 줄에서 전달받은 함수를 호출합니다. 0이 아니라는 뜻은 참을 반환한 것이므로 이 경우에만 출력합니다. 매개 변수로는 전달받은 2차원 배열의 요소, 즉 1차원 배열, 다시 말해 문자열을 전달합니다.

[46번째 줄]

항상 참을 반환하는 CheckOk( )를 정의합니다. 40번째 줄에 항상 1이 있다고 가정해 보면 왜 모든 문자열이 출력되는지 쉽게 이해할 수 있습니다. 이 함수로 인해 전체 문자열을 출력하는 작업을 쉽게 할 수 있었습니다.

[51, 62번째 줄]

대문자 또는 소문자로 구성된 문자열만 선택적으로 출력하는 CheckUppercase( )와 CheckLowercase( )를 정의합니다. 문자열의 길이만큼 반복하면서 대문자 또는 소문자가 맞는지 확인하는 것이 전부입니다. 원하는 문자가 아니라면 반복문 안에서 바로 거짓(0)을 반환합니다.

[73번째 줄]

일치하는 길이를 갖는 문자열을 검사하는 CheckLength( )를 정의합니다. 매개 변수로 전달된 문자열의 길이와 전역 변수인 g_length와 비교합니다. 따라서 이 함수 호출 전에 반드시 g_length 변수를 초기화시켜야 합니다.

[78번째 줄]

검색하는 문자가 존재하는지 확인하는 CheckFind( )를 정의합니다. 전역 변수인 g_letter가 대문자인지 소문자인지 모르기 때문에 일관되게 대문자로 처리하고 있습니다. 매번 대문자인지 소문자인지 비교하는 것은 굉장히 번거로운 작업일 수밖에 없습니다. toupper( )는 매개 변수를 대문자로 변환하는 C 표준 함수입니다.

CheckFind( )가 대소문자를 구분해서 검색한다면 다음처럼 간단한 코드만으로도 구성이 가능합니다.

```
int CheckFind(const char* str)
{
    return strchr(str, g_letter) != NULL;
}
```

strchr( )는 C 표준 함수로 문자열에서 문자를 검색하는 함수로 찾은 위치를 가리키는 주소를 반환합니다. 찾는 문자가 없으면 실패의 뜻으로 NULL 포인터를 반환합니다. 참과 거짓을 반환하기로 했으니까 NULL 포인터와 비교해서 반환값을 가볍게 수정해주면 그만입니다.

이번 코드에서 가장 잘 만들었다고 생각하는 함수는 CheckOk( )입니다. CheckOk( )는 나머지 코드를 만들고 나서 결과를 명확하게 보여주기 위해 필요하다고 생각해서 만든 함수로 처음에는 문자열 전체를 출력하도록 만들려고 했었습니다. 그런데 조금 생각해 보니 필요가 없는 것이었습니다. 기존 함수에 대한 복습도 되고 재사용에 대한 좋은 예도 되고 해서 기분이 무척 좋았습니다.

여러분도 저의 생각에 동의하시겠지요?

1. 코드와 설명 _ [example_2_5_1.c]

```c
1   #include <stdio.h>
2
3   void Hello(void);
4   void PrintNumber(int n);
5   void PrintArray(int* array, int size);
6
7   typedef void (* func_t)(void);
8
9   void main(void)
10  {
11      int array[10] = { 1, 3, 5, 7, 9, 2, 4, 6, 8, 0 };
12      void (* FuncArray[])(void) =
        {
            Hello, (func_t) PrintNumber, (func_t) PrintArray
        };
13
14      FuncArray[0]();
15      ((void (*)(int)) FuncArray[1])(99);
16      ((void (*)(int*, int)) FuncArray[2])(array, 10);
17  }
18
19  void Hello(void)
20  {
21      printf("%-13s\n", "Hello()");
22  }
23
24  void PrintNumber(int n)
25  {
26      printf("%-13s [%d]\n", "PrintNumber()", n);
27  }
28
29  void PrintArray(int* array, int size)
30  {
31      int i;
32      printf("%-13s [", "PrintArray()");
33
```

```
34        for(i = 0; i < size; i++)
35            printf("%d ", array[i]);
36    printf("\b]\n");
37  }
```

◐ 출력결과

```
Hello( )
PrintNumber( ) [99]
PrintArray( ) [1 3 5 7 9 2 4 6 8 0]
```

◐ 코드설명

[3번째 줄]
서로 다른 함수 3개를 선언합니다.

[7번째 줄]
함수 포인터 배열에 들어갈 함수의 자료형늘 성의합니다.

[12번째 줄]
func_t 자료형을 사용해서 서로 다른 함수들을 배열에 넣습니다. Hello( )는 같은 자료형이기 때문에 형변환이 필요하지 않습니다. func_t 자료형을 사용하지 않으면 다음과 같은 코드가 나옵니다.

```
void (* FuncArray[])(void) = { Hello, (void (*)(void)) PrintNumber, (void (*)(void)) PrintArray };
```

함수 포인터 배열에 대해서는 자료형을 정의할 수 있지만, 각각의 요소로 전달되는 함수에 대해서는 별도의 자료형을 정의할 수 없습니다. 너무 많은 함수가 존재해서 오히려 자료형 때문에 헷갈립니다. 더욱이 함수 자료형은 명확하게 이름을 주기도 어렵습니다.

[14번째 줄]
Hello( )를 호출합니다. 15번째와 16번째 줄은 배열 요소의 자료형과 실제로 저장된 함수의 자료형이 다르기 때문에 저장된 함수에 맞게 형변환을 시도해서 호출합니다. [ ]가 붙는다는 점을 빼면 본문에서 언급한 내용과 다를 바가 없습니다.

대부분의 상황에서 서로 다른 자료형의 배열은 의미가 없습니다. 어떤 자료형인지 확인하는 코드가 더 많이 들어갈 수 있습니다. 아마도 이 부분은 함수 포인터에 대한 이론적 탐구로 만족하는 것이 좋을 듯합니다. 재밌기도 하겠지만 일단 궁금하게 느꼈을 수 있는 내용이라고 생각합니다.

1. 코드와 설명 _ [example_3_1_1.c]

```
1   #include <stdio.h>
2   #include <stdlib.h>
3   #include <string.h>
4   #pragma warning(disable:4996)
5
6   void PrintWords(char** words);
7   int CompareString(const void* p1, const void* p2);
8
9   void main(void)
10  {
11      char* words[] =
12      {
13          "lemon", "tooth", "cup",     "pencil", "book",
            "cable", "coke",  "speaker", "white",  "traffic", NULL,
14      };
15
16      printf("[원본] ");   PrintWords(words);
17
18      qsort(words, 10, sizeof(words[0]), CompareString);
19      printf("[정렬] ");   PrintWords(words);
20  }
21
22  void PrintWords(char** words)
23  {
24      while(*words)
25          printf("%s ", *words++);
26
27      printf("\n");
28  }
29
30  int CompareString(const void* p1, const void* p2)
31  {
32      return strcmp(*(char**) p1, *(char**) p2);
33  }
```

◉ 출력결과

[원본] lemon tooth cup pencil book cable coke speaker white traffic
[정렬] book cable coke cup lemon pencil speaker tooth traffic white

◉ 코드설명

[11번째 줄]

문자열 배열을 선언합니다. 여기서 선언한 배열은 요소로 char*를 갖기 때문에 요소의 크기가 4 바이트라는 것이 중요합니다. 두 개의 [ ]를 사용해서 선언할 경우 [ ] 안에 들어있는 크기가 요소의 크기가 되는 것과 차이가 있습니다.

마지막 요소로 NULL 포인터를 넣었습니다. 요소의 개수는 문자열 개수+1이 됩니다. 문자열의 마지막에 '\0' 문자가 있어서 스스로 마지막을 식별하는 것처럼 문자열 배열의 마지막에도 끝을 식별하는 문자열(주소)이 있을 수 있습니다.

[18번째 줄]

C 표준 함수인 qsort( )를 호출합니다. 요소 개수를 전달하는 두 번째 매개 변수에서 1을 뺍니다. 마지막에 있는 NULL 포인터는 정렬의 대상이 아닙니다. 세 번째 매개 변수는 요소의 크기로 4를 가리키는데, 직접 계산하는 것보다 지금처럼 sizeof 연산자를 써서 컴파일러에게 맡기는 것이 편합니다. 마지막 매개 변수로는 문자열 비교 함수를 전달합니다. 절대 strcmp( )를 전달해서는 안 됩니다. 이들 두 함수는 매개 변수가 서로 다릅니다. 당연히 CompareString( )가 처리하는 방식이 맞습니다.

[22번째 줄]

문자열 배열을 출력하는 PrintWords( )를 정의합니다. char* [ ]의 자료형은 원래 char**입니다. 함수 선언에서는 어떤 것을 써도 된다는 점, 알고 있을 거라고 생각합니다. 배열의 자료형에 대해 한 점의 의혹이라도 있다면 제가 쓴 『포인터와 함께 하는 C의 아름다움』이란 책을 보시기 바랍니다. 배열을 샅샅이 헤집어 놨습니다.

배열 마지막에 NULL 포인터가 있다는 것을 알기 때문에 0이 될 때까지, 즉 NULL 포인터가 나올 때까지 반복합니다.

[30번째 줄]

비교 함수인 CompareString( )를 정의합니다. qsort( )는 요소의 첫 번째 바이트의 주소를 전달하므로 p1과 p2의 실제 자료형은 요소인 char*의 주소, 즉 char**가 됩니다. 전달받은 주소로부터 4바이트를 사용하면 main( )에 선언된 배열을 올바르게 사용하는 것입니다. 배열에 들어있는 4바이트가 값이 아니라 다른 곳을 가리키는 주소이므로 실제 사용에서는 * 연산자를 붙여서 값에 접근하는 지혜가 필요하겠습니다.

32번째 줄에서 strcmp( )를 호출하는 과정에서 p1을 먼저 char**로 형변환을 한 다음 다시 * 연산자를 붙여서 원본(값)에 접근합니다. 18번째 줄에서 strcmp( )를 qsort( )의 매개 변수로 직접 전달하면 전달받은 주소에 * 연산자를 붙여서 사용하지 않고 직접 문자열로 처리하기 때문에 올바른 결과가 나오지 않습니다. 이 부분은 곰곰이 생각해볼 만한 가치가 있음을 알려드립니다.

다음은 ComapreString( ) 대신 strcmp( )를 전달할 때의 출력결과를 보여줍니다. 아래쪽에 있는 숫자는 strcmp( )에 전달된 주소에 들어있는 값으로 함수 포인터 배열의 요소 값인 주소를 4바이트 단위로 출력한 것입니다.

[원본] lemon tooth cup pencil book cable coke speaker white traffic

```
 60  86        65  0  [3]
 48  96        65  0  [2]
 32  96        65  0  [1]
188  94        65  0  [9]
216  88        65  0  [10]
184  88        65  0  [8]
132  97        65  0  [6]
112  97        65  0  [4]
164  91        65  0  [7]
124  90        65  0  [5]
```

[정렬] cup tooth lemon speaker traffic coke white cable pencil book

strcmp( )는 다른 문자가 나올 때까지 비교하는데, 전달된 값은 첫 번째 문자부터 다르기 때문에 1바이트만으로도 정렬이 가능합니다. 첫 번째 출력결과가 "cup"인데, 첫 번째 숫자가 가장 작은 문자열임을 알 수 있습니다. 다른 곳을 가리키는 주소를 문자열로 해석하는 과정에서 빚어진 어처구니 없는 실수입니다. 오른쪽에 있는 괄호는 출력된 순서를 가리킵니다.

다음은 위의 숫자들을 출력하기 위해 만든 임시 함수입니다. 이 함수를 호출할 때는 반드시 qsort( )를 호출하기 전이어야 합니다. qsort( )를 호출하면 요소에 들어있는 값(주소)이 바뀌기 때문에 다른 결과가 나옵니다.

```c
void PrintAddress(char** words)
{
    unsigned char* p;

    while(*words)
    {
        p = (unsigned char*) words++;
        printf("%3d %3d %3d %3d\n", p[0], p[1], p[2], p[3]);
    }
}
```

두 개의 배열이 있습니다.

```
1.  char words1[][32];
2.  char* words2[];
```

이렇게 두 가지 배열에 대해 올바르게 qsort()를 적용할 수 있다면 qsort()를 거의 완전하게 사용할 수 있다고 볼 수 있습니다. words1을 정렬하는 코드는 2부에서 매개 변수를 다루는 과정에서 이미 봤습니다. 모든 자료형을 정렬할 수 있는 선택 정렬 연습 문제에서 나왔습니다. 다른 문자열을 사용했을 뿐 배열의 자료형이 완전히 같고, qsort()와 비교해서 만든 코드이기 때문에 사용하는 방식에 있어서도 qsort()와 똑같습니다.

반드시 두 가지 코드를 비교해 보기 바랍니다. 그래서 words1 배열에 대해서도 qsort()로 정렬시킬 수 있을 정도가 되어야 합니다.

2. 코드와 설명 _ [example_3_1_2_int.c]

```c
1    #include <stdio.h>
2    #pragma warning(disable:4996)
3
4    int CompareInt(const void* p1, const void* p2);
5    void* LinearSearch(void* value,
                        void* array, int count, int typesize,
                        int (*cmp)(const void*, const void*));
6
7    void main(void)
8    {
9        int array[] = {99, 77, 55, 33, 11, 0, 88, 66, 44, 22};
10       int i, number, * find;
11
12       printf("[원본] ");
13       for(i = 0; i < 10; i++)
14           printf("%d ", array[i]);
15
16       printf("\n\n");
17
```

```
18          ///////////////////////////////
19
20          while(1)
21          {
22              printf("입력 - ");
23              scanf("%d", &number);
24
25              find = LinearSearch(&number,
                                    array, 10, 4, CompareInt);
26
27              if(find == NULL)
28                  break;
29
30              printf("성공 - %d\n\n", *find);
31          }
32      }
33
34      int CompareInt(const void* p1, const void* p2)
35      {
36          return *(int*) p1 > *(int*) p2;
37      }
38
39      void* LinearSearch(void* value,
                           void* array, int count,int typesize,
                           int (*cmp)(const void*, const void*))
40      {
41          int i;
42          char* cur;
43
44          for(i = 0; i < count; i++)
45          {
46              cur = (char*) array + i*typesize;
47
48              if(!cmp(value, cur) && !cmp(cur, value))
49                  return cur;
50          }
51
52          return NULL;
53      }
```

출력결과

```
[원본] 99 77 55 33 11 0 88 66 44 22

입력 - 99
성공 - 99

입력 - 22
성공 - 22

입력 - 33
성공 - 33

입력 - 19
```

코드설명

[5번째 줄]

선형 검색을 시도하는 LinearSearch( )를 선언합니다. 첫 번째 매개 변수를 제외하면 qsort( )의 매개 변수와 완전히 똑같습니다.

[10번째 줄]

LinearSearch( )의 반환값을 저장할 find 변수를 선언합니다. 이 변수는 배열의 요소를 가리키는 주소, 즉 요소를 구성하는 첫 번째 바이트의 주소이기 때문에 포인터 변수여야 합니다. 9번째 줄에서 선언한 array 배열은 int 자료형을 요소로 가지므로 find 변수의 자료형은 int*가 됩니다.

[12번째 줄]

배열을 출력합니다. 번거로워서 함수로 처리하지 않았습니다. 18번째 줄의 주석은 출력 코드와 검색 코드를 구분하기 위해서 넣었습니다.

[20번째 줄]

검색에 실패할 때까지, 찾는 숫자가 없을 때까지 반복합니다. 검색에 성공하면 확인하기 위해서 반환값인 주소가 가리키는 곳의 값(요소)을 출력해 봅니다. LinearSearch( )는 찾는 요소가 없을 경우 NULL 포인터를 반환합니다.

25번째 줄에서 LinearSearch( )를 호출합니다. 정렬되지 않은 배열을 대상으로 한다는 점을 제외하면 bsearch( )와 사용법이 완전히 같습니다. 정렬된 배열이 있을 경우 함수 이름만 바꿔주면 무조건 동작합니다. 첫 번째 매개 변수인 number는 어떤 자료형인지 모르기 때문에 반드시 주소로 넘겨야 하고, 네 번째 매개 변수인 sizeof(int)를 통해서 검색하려는 값이 몇 바이트인지 알게 됩니다.

30번째 줄에서 검색한 결과를 출력하는데, 앞에 * 연산자를 붙였습니다. 요소의 주소를 반환받았으므로 * 연산자가 붙어야 요소가 됩니다.

[34번째 줄]

비교 함수인 CompareInt( )를 정의합니다. 동등성을 보여주기 위해 "같다(==)" 대신 "크다()" 연산자를 사용했습니다.

[39번째 줄]

LinearSearch( )를 정의합니다. 단순히 배열의 크기만큼 반복하고, 매번 현재 요소가 찾는 요소인지 확인합니다. 똑같은 요소가 여러 개 있다면 첫 번째 요소의 위치를 반환합니다.

[42번째 줄]

cur 변수는 포인터 연산을 수행하기 위해 필요합니다. 단위는 바이트이므로 char*로 선언합니다.

[46번째 줄]

매번 현재 요소의 주소를 cur 변수에 치환합니다. array는 void*이므로 매번 char*로 형변환을 해주어야 포인터 연산을 적용할 수 있습니다. 현재 요소의 위치는 최초 위치(array)에서 i번째에 있는데, 요소의 크기가 typesize만큼이므로 결국 i*typesize만큼이 됩니다.

[48번째 줄]

동등성을 사용합니다. 두 번에 걸쳐 호출한 cmp 함수의 결과가 모두 거짓이라면, 어느 쪽도 우위에 있지 못한 것이므로 "같다"라고 얘기할 수 있습니다.

int 배열이 가장 다루기 쉽습니다. 정확하게 이해해야 두 번째 코드를 이해할 수 있습니다. 언제 포인터가 넘어가고, 어떤 종류의 포인터가 선언됐는지 분명하게 파악해야 합니다.

[example_3_1_2_string.c]

```
1   #include <stdio.h>
2   #include <string.h>
3   #pragma warning(disable:4996)
4
5   void PrintWords(char** words, int size);
6   int CompareString(const void* p1, const void* p2);
7   void* LinearSearch(void* value,
                       void* array, int count, int typesize,
                       int (*cmp)(const void*, const void*));
8
```

```
 9   void main(void)
10   {
11       char* words[] =
12       {
13           "lemon", "tooth", "cup",      "pencil", "book",
             "cable", "coke",  "speaker", "white",  "traffic"
14       };
15       char buf[32], * input = buf, ** find;
16
17       printf("[원본] ");
18       PrintWords(words, 10);
19
20       while(1)
21       {
22           printf("입력 - ");
23           scanf("%s", input);
24
25           find = LinearSearch(&input,
                             words, 10, 4, CompareString);
26
27           if(find == NULL)
28               break;
29
30           printf("성공 - %s\n\n", *find);
31       }
32   }
33
34   void PrintWords(char** words, int size)
35   {
36       int i;
37       for(i = 0; i < size; i++)
38           printf("%s ", *words++);
39
40       printf("\n\n");
41   }
42
43   int CompareString(const void* p1, const void* p2)
44   {
45       return strcmp(*(char**) p1, *(char**) p2);
46   }
```

```
47
48   void* LinearSearch(void* value,
                        void* array, int count, typesize,
                        int (*cmp)(const void*, const void*))
49   {
50       int i;
51       char* cur;
52
53       for(i = 0; i < count; i++)
54       {
55           cur = (char*) array + i*typesize;
56
57           if(!cmp(value, cur))
58               return cur;
59       }
60
61       return NULL;
62   }
```

▶ 출력결과

[원본] lemon tooth cup pencil book cable coke speaker white traffic

입력 – lemon
성공 – lemon

입력 – traffic
성공 – traffic

입력 – book
성공 – book

입력 – cake

▶ 코드설명

[5번째 줄]

1번 문제에서 만들었던 코드를 그대로 사용했습니다. PrintWords( )는 문자열 배열을 출력하고, CompareString( )는 문자열을 비교해서 결과를 양수, 0, 음수의 세 가지로 알려줍니다.

[15번째 줄]

입력받을 배열(buf)과 배열과 같은 주소를 갖는 input, 결과를 돌려받은 find 변수를 선언합니다.

만약 이 코드에서 임시 변수인 input을 따로 지정하지 않으면 결과를 볼 수 없습니다. 이것은 C 표준 함수인 bsearch()를 사용하더라도 마찬가지입니다. 똑같이 동작하도록 만들었으니까요. find 변수는 요소의 주소이므로 char*의 주소가 되고, 그래서 char**가 맞습니다.

buf 변수를 직접 사용하면 결과를 볼 수 없는 이유에 대한 설명은 뒤에서 합니다. 한번 고민해 보기 바랍니다.

[20번째 줄]
int 배열에서 char* 배열로 변경되었지만 전체적인 윤곽은 달라지지 않았습니다. 검색할 값을 전달할 때 & 연산자를 붙이고(25번째 줄의 &input), 반환값을 사용해서 요소에 접근할 때 * 연산자를 붙입니다(30번째 줄의 *find). 만약 int 배열에 대해 공부하지 않고 바로 본다면 정말로 이해할 수 없는 코드처럼 보일 수도 있습니다.

이 코드에서 LinearSearch() 대신 bsearch()를 사용하고 싶다면 반복문에 들어가기 전에 qsort()를 한 번 호출합니다. 그러면 코드의 수정 없이 이진 검색을 경험할 수 있습니다. 비교 함수인 CompareString()를 사용하는 것도 똑같습니다.

LinearSearch()의 첫 번째 매개 변수에 & 연산자가 붙는 것은 이것이 CompareString()에 전달되어야 하기 때문입니다. 배열의 요소에 & 연산자를 붙여서 전달하기 때문에 검색할 값에 대해서도 자료형에 상관없이 & 연산자를 붙여야 자료형이 일치됩니다.

[43번째 줄]
비교 함수인 CompareString()를 정의합니다. 동등성은 이미 보여줬기 때문에 예전 코드로 돌아갔습니다. 양수, 0, 음수 중의 하나를 반환합니다.

[48번째 줄]
LinearSearch()를 정의합니다. 역시 동등성과 관련된 57번째 줄의 코드를 수정했습니다. 비교 함수를 두 번 호출하지 않고 한 번 호출하는 것으로 끝입니다. 비교 함수는 같을 때 0을 반환하기 때문에 ! 연산자 또한 그대로 사용할 수 있습니다. 그러나, 이왕이면 다음 코드가 더 좋겠습니다.

```
if(cmp(value, cur) == 0)
```

이번 문제에서 비교 함수는 2차원 포인터를 받습니다. 이 말은 * 연산자를 한 번 붙여서 1차원 포인터가 되고, 두 번째 붙일 때 비로소 값이 된다는 뜻입니다. 매번 * 연산자를 붙일 때마다 당연히 다른 숫자(주소 또는 값)가 나와야 합니다.

배열 이름에 & 연산자를 붙이는 것은, 차원이 높아지기는 하지만 2차원과 1차원 주소가 같은 주소를 갖게 됩니다. 첫 번째 * 연산자를 붙이는 순간 배열의 첫 번째 요소가 되고,

여기에 다시 * 연산자를 붙이면 요소를 주소로 사용한다는 뜻이므로 올바르게 동작할 수 없습니다.

굳이 배열을 직접 LinearSearch() 또는 bsearch()에 전달해야겠다면 비교 함수에 전달되는 자료형이 서로 달라야 합니다. 이들 함수에서 요소를 전달하는 순서에 맞춰 하나는 char**, 하나는 char*로 처리하면 됩니다. 그러나, 이것은 어디까지나 편법이고 모든 자료형에 대해 동작하는 방법이 아니므로 어렵더라도 이번 문제를 이해하는 것이 좋다고 생각합니다. 이번 문제를 통해 bsearch()의 첫 번째 매개 변수에 & 연산자가 붙는 이유를 명확하게 이해하기를 바랍니다.

1. 코드와 설명 _ [example_3_2_1.c]

```c
1  #include <stdio.h>
2
3  struct Base
4  {
5      virtual void operator()(void) = 0;
6  };
7
8  struct Hello : public Base
9  {
10     void operator()(void)
11     {
12         printf("%-13s\n", "Hello()");
13     }
14 };
15
16 struct PrintNumber : public Base
17 {
18     int n;
19
20     PrintNumber(int _n) : n(_n) {}
21
22     void operator()(void)
23     {
24         printf("%-13s [%d]\n", "PrintNumber()", n);
25     }
26 };
27
28 struct PrintArray : public Base
29 {
30     int* array;
31     int size;
32
33     PrintArray(int* _array, int _size) : array(_array), size(_size) {}
34
```

```
35      void operator()(void)
36      {
37          printf("%-13s [", "PrintArray()");
38
39          for(int i = 0; i < size; i++)
40              printf("%d ", array[i]);
41          printf("\b]\n");
42      }
43  };
44
45  void ProxyFunction(Base& base);
46
47  void main(void)
48  {
49      int array[10] = { 1, 3, 5, 7, 9, 2, 4, 6, 8, 0 };
50
51      printf("[매개 변수1]\n");
52      ProxyFunction(Hello());
53      ProxyFunction(PrintNumber(99));
54      ProxyFunction(PrintArray(array, 10));
55
56      // *************************** //
57
58      printf("\n[배열]\n");
59      Base* FuncArray[] =
        {
            new Hello, new PrintNumber(99), new PrintArray(array, 10)
        };
60
61      FuncArray[0]->operator()();
62      FuncArray[1]->operator()();
63      FuncArray[2]->operator()();
64
65      // *************************** //
66
67      printf("\n[매개 변수2]\n");
68      for(int i = 0; i < 3; i++)
69      {
70          ProxyFunction(*FuncArray[i]);
71          delete FuncArray[i];
72      }
73  }
74
```

```
75   void ProxyFunction(Base& base)
76   {
77       base();
78   }
```

출력결과

[매개 변수1]
Hello( )
PrintNumber( ) [99]
PrintArray( ) [1 3 5 7 9 2 4 6 8 0]

[배열]
Hello( )
PrintNumber( ) [99]
PrintArray( ) [1 3 5 7 9 2 4 6 8 0]

[매개 변수2]
Hello( )
PrintNumber( ) [99]
PrintArray( ) [1 3 5 7 9 2 4 6 8 0]

코드설명

[3번째 줄]
모든 클래스(class, 구조체)의 부모 클래스가 될 Base 구조체를 정의합니다. 멤버로는 ( ) 연산자를
오버로딩한 추상 함수(abstract function) 하나뿐입니다. Base 구조체를 상속한 모든 클래스는 반
드시 추상 함수의 코드를 제공해야 변수로 선언될 수 있습니다. 그리고, 이 함수는 virtual 키워드가
붙어서 가상 함수로 동작합니다. 맨 아래 자식이 갖는 함수가 호출된다는 것을 보장해 줍니다.

[8번째 줄]
Hello 구조체를 정의하고, 멤버로 Base 구조체의 순수 가상 함수(pure virtual function)를 재정
의합니다. 이제 Hello 구조체는 변수로 선언될 수 있습니다.

[16번째 줄]
정수를 출력하는 PrintNumber 구조체를 정의합니다. 앞에서는 전역 변수를 사용해서 문제를 해
결했지만 클래스에서는 멤버 변수라는 묘한 전역(!) 변수가 있기 때문에 C 언어에서의 진짜 전역
변수는 필요없습니다. 생성자(constructor)를 이용해서 ( ) 연산자에서 사용할 값을 미리 멤버 변수
에 저장합니다.

[28번째 줄]

배열을 출력하는 PrintArray 구조체를 정의합니다. 멤버 변수가 배열을 가리키는 포인터(array)와 배열의 크기(size), 두 개로 늘었습니다. 여기서는 실제 배열을 멤버로 갖는 것도 방법일 수 있지만 함수로서의 역할을 한다면 일회성이기 때문에 데이터를 내부적으로 유지하는 것은 낭비라고 생각합니다. array 멤버는 PrintArray 구조체 외부에 있는 배열을 가리킵니다.

지금까지 설명한 구조체에서 사용한 멤버들은 가급적 앞에서 풀었던 문제와 동일한 변수 이름을 사용했습니다. C++답게 변수 이름을 줄 수도 있지만 혹시라도 앞의 코드와 비교하는 과정에서 곤란할 수 있을 것 같아서 말입니다.

[51번째 줄]

Base 구조체를 참조(reference)로 받는 ProxyFunction( )에 각각의 기능을 내장한 구조체를 전달하고, 결론적으로 원하는 기능을 수행합니다. 다만 C 언어와 매개 변수를 처리하는 방식이 다른 것뿐이지 해당 데이터가 전달되지 않거나 하는 것은 아닙니다.

52번째 줄의 Hello 오른쪽에 비어 있는 ( )는 반드시 있어야 합니다. ( )가 없으면 자료형이 되고, 있으면 이름없는 변수를 선언하면서 생성자를 호출하는 코드가 됩니다. PrintNumber와 PrintArray 구조체 또한 해당 구조체에 맞는 매개 변수를 갖는 생성자를 호출했습니다.

[58번째 줄]

앞에서 풀었던 것처럼 배열을 사용해서 풀어봅니다. C 언어에서 함수 포인터, 즉 4바이트 주소를 저장했던 것처럼 C++에서도 구조체의 주소, 즉 4바이트를 저장합니다. C 언어에서 다른 자료형을 저장하기 위해 필요한 형변환이 C++에서는 공통 부모 클래스라는 문법으로 처리되기 때문에 형변환이 필요없습니다.

new 연산자는 C 언어의 malloc( )와 비슷한 함수로 클래스의 생성자를 호출할 수 있다는 특징을 더 갖습니다. malloc( )를 호출하면 free( )를 호출해야 하는 것처럼 new 연산자에 대응하는 delete 연산자를 71번째 줄에서 호출하고 있습니다.

[61번째 줄]

배열 요소를 호출하고 있습니다. 요소가 포인터인 관계로 –> 연산자를 통해서 멤버에 접근합니다. 함수 이름은 operator( )이므로 일단 정직하게 다 써줍니다. 이때 매개 변수는 전달되지 않습니다. 59번째 줄에서 필요한 자료를 생성자를 통해 이미 전달했습니다.

이들 코드는 다음처럼 연산자답게 호출하는 것이 가장 좋습니다.

```
(*FuncArray[0])( );
```

* 연산자를 붙여서 주소를 값으로 변경합니다. 함수를 가리키는 포인터에서 비로소 함수가 됩니다. C++는 논리적으로 거의 완벽한 문법을 갖는다는 점에서도 C 언어와 다릅니다. 그러나, 앞에 나온 ( )로 인해 왠지 어색해 보이는 코드가 나왔습니다. 이 부분에 대한 깔끔한 설명은 아래 나오는

ProxyFunction( )에 있습니다.

[67번째 줄]

배열이므로 반복문에 적용했습니다. 마침 ProxyFunction( )가 있어서 이 함수에 매개 변수로 전달합니다. ProxyFunction( )는 주소가 아닌 값을 받으므로 * 연산자를 붙여서 값으로 전달합니다. 값으로 전달하더라도 참조로 받기 때문에 포인터와 동일한 성능을 낼 수 있으니 혹시라도 걱정할 필요는 없겠습니다.

[75번째 줄]

ProxyFunction( )를 정의합니다. 이 함수는 모든 구조체의 부모 구조체인 Base 구조체 변수를 참조로 받습니다. main( )에서 전달한 변수의 포인터를 받는다고 보면 됩니다. 내부적으로는 포인터이지만 사용할 때만큼은 값처럼 사용하기 때문에 77번째 줄에서 보는 것처럼 깔끔한 코드가 탄생합니다.

진짜 함수처럼 호출하고 싶으면 다음 코드를 사용합니다.

    base.operator( )( );

연산자처럼 사용할 수도 있고 함수처럼 사용할 수도 있습니다. C 언어는 문법적으로 많이 뒤진 언어일 수밖에 없다는 생각입니다.

출력결과는 앞에서 풀었던 문제와 똑같이 나오도록 처리했습니다. 이번 코드만으로도 충분하지만, C와 C++에서 어떻게 차이가 나는지 비교해 보는 것도 좋겠습니다. 다만 C++를 구사할 수 있어야 한다는 제약이 있긴 합니다.

이번에 사용한 방식의 코드를 함수자(functor)라고 부릅니다. 이 방식이 C++답기 때문에 풀이에 적용을 했습니다. 다음 장에서 STL을 설명하면서 ( ) 연산자 오버로딩이 동작하는 방식을 자세히 설명하고 있습니다. 예습을 미리했다 생각하시고 다음 장의 설명을 참고하기 바랍니다.

2. 코드와 설명 _ [example_3_2_2.cpp]

```
1   #include <stdio.h>
2   #include <ctype.h>
3   #include <string.h>
4   #pragma warning(disable:4996)
5
6   struct Base
7   {
8       virtual bool operator()(const char* str)
9       {
10          return true;
11      }
12  };
13
14  struct Alphabet : public Base
15  {
16      int (* CheckFunc)(int);
17
18      Alphabet(int (* _CheckFunc)(int)) : CheckFunc(_CheckFunc) {}
19
20      bool operator()(const char* str)
21      {
22          while(*str)
23          {
24              if(CheckFunc(*str++) == 0)
25                  return false;
26          }
27
28          return true;
29      }
30  };
31
32  struct Length : public Base
33  {
34      int g_length;
35
36      Length(int _length) : g_length(_length) {}
37
```

```
38          bool operator()(const char* str)
39          {
40                  return strlen(str) == g_length;
41          }
42      };
43
44      struct Find : public Base
45      {
46          char g_letter;
47
48          Find(char _letter) : g_letter(_letter) {}
49
50          bool operator()(const char* str)
51          {
52                  char letter = toupper(g_letter);
53
54                  while(*str)
55                  {
56                          if(toupper(*str++) == letter)
57                                  return true;
58                  }
59
60                  return false;
61          }
62      };
63
64      void PrintMatch(char words[][32], int size, Base& base);
65
66      void main(void)
67      {
68          char words[][32] =
            {
                    "Hello",  "TEST",  "Newyork21", "1492",
                    "memory", "MiNoR", "AccesS"
            };
69
70          printf("[전체 ] ");  PrintMatch(words, 7, Base());
71
72          printf("[대문자] "); PrintMatch(words, 7, Alphabet(isupper));
73          printf("[소문자] "); PrintMatch(words, 7, Alphabet(islower));
74
```

```
75          int length;
76          printf("정수 - ");
77          scanf("%d", &length);
78          fflush(stdin);
79          printf("[길이 ] ");  PrintMatch(words, 7, Length(length));
80
81          char letter;
82          printf("문자 - ");
83          scanf("%c", &letter);
84          printf("[검색 ] ");  PrintMatch(words, 7, Find(letter));
85      }
86
87      void PrintMatch(char words[][32], int size, Base& base)
88      {
89          for(int i = 0; i < size; i++)
90          {
91              if(base(words[i]) == true)
92                  printf("%s ", words[i]);
93          }
94          printf("\n");
95      }
```

○ 출력결과

[전체] Hello TEST Newyork21 1492 memory MiNoR AccesS
[대문자] TEST
[소문자] memory
정수 - 5
[길이] Hello MiNoR
문자 - E
[검색] Hello TEST Newyork21 memory AccesS

○ 코드설명

[6번째 줄]

1번 문제에서 추상 클래스였던 Base 구조체를 조금 확장했습니다. 여기서는 구상 클래스로 무조건 참(true)을 반환하는 실제 코드를 갖고 있습니다. C++는 참과 거짓을 표현하는 bool 자료형이 있습니다.

[14번째 줄]

대문자와 소문자를 선별적으로 처리하는 Alphabet 구조체를 정의합니다. 매개 변수로 전달된 함수에 따라 동작 방식이 달라집니다. 대문자를 처리할 때는 isupper( ), 소문자를 처리할 때는 islower( )를 사용합니다. 16번째 줄에 함수 포인터 변수가 선언되어 있고, 18번째 줄의 생성자에서 무조건 함수를 받아서 저장하고 있습니다.

[32번째 줄]

길이가 일치하는 문자열을 출력하는 Length 구조체를 정의합니다. 전역 변수로 선언됐던 g_length는 멤버 변수가 됐고, 역시 생성자를 통해 전달받습니다. 멤버 변수의 앞에 접두사로 g를 붙이는 것은 나쁘지만, 앞에 나왔던 코드와 일관성을 유지하기 위해 없애지 않았습니다.

[44번째 줄]

찾는 문자가 들어있는 문자열을 출력하는 Find 구조체를 정의합니다.

[66번째 줄]

main( )를 정의합니다. 앞에서 봤던 코드와 전체 흐름을 똑같이 만들었습니다. 출력결과 또한 앞에서 풀었던 문제와 동일합니다.

[70번째 줄]

전체 문자열을 출력합니다. PrintMatch( )의 마지막 매개 변수로 Base 구조체를 전달했으므로 무조건 참을 반환하는 함수가 호출됩니다. 결국 모든 문자열이 조건을 만족시키게 되고 전체 출력이 됩니다.

[72, 73번째 줄]

72번째 줄에서 대문자로 된 문자열을 출력하고, 73번째 줄에서 소문자로 된 문자열을 출력합니다. 대문자와 소문자의 차이는 비교 코드에서 호출한 함수뿐이기 때문에 함수를 매개 변수로 처리하게 되면 하나의 코드만 있어도 된다는 결론이 나옵니다. 다른 부분, 즉 어떤 함수를 적용할지 매개 변수로 전달했습니다. isupper( )는 대문자, islower( )는 소문자 출력에 사용합니다.

[87번째 줄]

조건에 맞는 문자열을 선택적으로 출력하는 PrintMatch( )를 정의합니다. 마지막 매개 변수가 조건을 내장하고 있는 구조체들의 부모인 Base 구조체입니다. 91번째 줄에서 일반 함수처럼 ( ) 연산자를 사용해서 호출하고 있습니다. 다음처럼 노골적인 함수 표현으로 바꿔도 됩니다.

```
if(base.operator( )(words[i]) == true)
```

C++에서 추상(순수 가상) 클래스 또는 가상 함수를 사용한다는 것은 대단한 실력이라고 할 수 있습니다. 가상 함수를 이해하는 것이 너무 어렵고, 실제 코드에 접목하기에는 또 다른 어려움이 있습니다. 만들어 놓고도 제대로 된 것인지 구분하지 못하는 것이 C++입니다. C++를 하면서 C 언어처럼 코딩하는 사람을 너무 많이 봤습니다.

C++에서는 클래스를 사용해서 원하는 코드를 실행한다는 것을 명심합시다. C 언어보다 문법적으로 깔끔하고 버그가 발생할 확률이 적어서 언제나 안전하게 사용할 수 있습니다.

Part 03

Chapter **03**

STL

1. 코드와 설명 _ [example_3_3_1.cpp]

```cpp
1   #include <iostream>
2   #include <iomanip>
3   #include <string>
4   #include <algorithm>
5   using namespace std;
6   #pragma warning(disable:4996)
7
8   struct CAR
9   {
10      string company;    // 회사
11      string model;      // 모델명
12      int  year;         // 생산연도
13  };
14
15  enum { ARRAY_SIZE = 10 };
16
17  ostream& operator<<(ostream& out, const CAR& car)
18  {
19      out.setf(ios_base::left);
20
21      out << setw(12) << car.company << ' '
22          << setw(15) << car.model   << ' '
23          << car.year;
24
25      return out;
26  }
27
28  struct ModelOrder
29  {
30      bool operator()(const CAR& c1, const CAR& c2)
31      {
32          return c1.model < c2.model;
33      }
34  };
35
```

```
36  void main(void)
37  {
38      CAR cars[ARRAY_SIZE] =
39      {
40          "BMW",      "Z4 Roadster",2002,
41          "GM",       "Cadillac",  1998,
42          "기아",      "오피러스",      2006,
43          "대우",      "레조",        2001,
44          "도요타",     "Lexus ES",   2004,
45          "삼성",      "SM3",        2007,
46          "쌍용",      "카니발",       1999,
47          "포드",      "Mustang",    2000,
48          "크라이슬러", "PT Cruiser", 2005,
49          "현대",      "싼타페",       2003,
50      };
51
52      cout << "[원본]" << endl;
53      copy(cars, cars+ARRAY_SIZE,
              ostream_iterator<CAR>(cout, "\n")); cout << endl;
54
55      sort(cars, cars+ARRAY_SIZE, ModelOrder());
56
57      cout << "[정렬]" << endl;
58      copy(cars, cars+ARRAY_SIZE,
              ostream_iterator<CAR>(cout, "\n")); cout << endl;
59
60      /////////////////////////////
61
62      cout << "[검색]" << endl;
63
64      CAR input;
65      bool result;
66
67      while(1)
68      {
69          cout << "모델 : ";
70          cin  >> input.model;
71
72          result = binary_search(cars, cars+ARRAY_SIZE, input,
                                   ModelOrder());
73
```

```
74          if(result == false)
75              break;
76
77          cout << "결과 : 성공" << endl;
78      }
79  }
```

○ 출력결과

[원본]

BMW	Z4 Roadster	2002
GM	Cadillac	1998
기아	오피러스	2006
대우	레조	2001
도요타	Lexus ES	2004
삼성	SM3	2007
쌍용	카니발	1999
포드	Mustang	2000
크라이슬러	PT Cruiser	2005
현대	싼타페	2003

[정렬]

GM	Cadillac	1998
도요타	Lexus ES	2004
포드	Mustang	2000
크라이슬러	PT Cruiser	2005
삼성	SM3	2007
BMW	Z4 Roadster	2002
대우	레조	2001
현대	싼타페	2003
기아	오피러스	2006
쌍용	카니발	1999

[검색]

모델 : 오피러스
결과 : 성공
모델 : SM3

결과 : 성공
모델 : Cadillac
결과 : 성공
모델 : PT Cruiser

● 코드설명

[2번째 줄]
자릿수를 지정하는 setw( )를 사용하기 위해 iomanip 헤더를 포함합니다.

[8번째 줄]
CAR 구조체를 정의합니다. 회사와 모델명에 대해서 char 배열을 사용할 수도 있지만 string 컨테이너를 사용했습니다. 코드에서 차이점은 거의 없고, 단지 strcmp( )를 사용하느냐 하지 않아도 되느냐 정도입니다.

[17번째 줄]
CAR 구조체 하나를 출력하는 전역 함수로 《 연산자를 오버로딩했습니다. 이제 다음처럼 사용하는 것이 가능합니다.

    cout 《 cars[0] 《 endl;

cars는 main( )에 선언된 CAR 구조체 배열입니다.

[28번째 줄]
오름차순으로 정렬하는 ModelOrder 구조체를 정의합니다. CAR 구조체에 대해서만, 그 중에서도 model 멤버에 대해서만 동작합니다.

[38번째 줄]
CAR 구조체 배열을 선언합니다. 배열의 내용은 미리 넣었습니다. 정렬과 관련된 부분은 입력 작업이 너무 피곤합니다.

[53번째 줄]
copy( )로 CAR 구조체를 출력합니다. cout에 대해 동작할 수 있는 《 연산자를 오버로딩했기 때문에 가능한 코드입니다.

[55번째 줄]
sort( )로 정렬합니다. 세 번째 매개 변수로 ModelOrder 구조체를 전달합니다. 결과는 오름차순 정렬입니다.

[64번째 줄]
검색에 사용할 별도의 구조체 변수를 선언합니다. 모델명을 검색한다고 해서 string 컨테이너 변수를 선언해서는 안 됩니다. ModelOrder 구조체에 전달되는 매개 변수는 CAR 구조체입니다.

[67번째 줄]

검색한 모델명이 없을 때까지 반복합니다.

[72번째 줄]

binary_search( )를 사용해서 입력한 모델명이 존재하는지 검사합니다. binary_search( )는 bool 자료형을 반환합니다. 세 번째 매개 변수는 검색할 모델명을 갖고 있는 CAR 구조체 변수이고, 네 번째는 검색에 사용할 구조체로 정렬에 사용했던 ModelOrder 구조체를 사용합니다.

정렬과 검색을 한 번에 처리했기 때문에 코드가 조금 길어졌습니다. 정렬이나 검색만 했다면 약간의 코딩만으로도 원하는 결과를 얻을 수 있습니다. 누가 촌스럽게 정렬과 검색 코딩을 하겠습니까? 엔진(engine) 정도의 코드를 만들지 않는다면 없을 것으로 생각됩니다. STL을 배워서 코드에 안정성과 편리를 줍시다!!

2. 코드와 설명 _ [example_3_3_2_Menu.h]

```
1    class Command
2    {
3    protected:
4        typedef void (Command::* func_t)(void);
5
6        Command(func_t _func);
7
8    public:
9        func_t func;
10   };
11
12   class File : public Command
13   {
14   public:
15       File(void);
16       File(string& _src);
17       File(string& _src, string& _dst);
18
```

```
19        void Print(void);
20        void Copy(void);
21        void ShowDir(void);
22
23   private:
24        string src, dst;
25   };
26
27   class Menu
28   {
29   public:
30        Menu(Command* _pCommand = NULL);
31        ~Menu(void);
32
33        void SetCommand(Command* _pCommand);
34        void Run(void);
35
36   private:
37        Command* pCommand;
38   };
```

○ 출력결과

없음

○ 코드설명

[1번째 줄]
명령(command)을 구현할 클래스들의 부모 클래스로 사용할 Command 구조체를 정의합니다.

[4번째 줄]
Command 클래스의 멤버 함수를 가리키는 포인터를 재정의합니다. Command 클래스 이름이 빠지면 전역 함수를 가리키는 포인터가 되므로 반드시 넣어야 합니다.

[6번째 줄]
Command 클래스 생성자를 선언합니다. 3번째 줄에서 protected 멤버로 정의했기 때문에 Command 클래스는 독립적인 변수로 선언할 수 없습니다. 객체를 생성하는 생성자가 보호 (protected)받기 때문에 외부에서 호출이 불가능합니다. 순수 가상 함수로 선언하는 것과 비슷한 효과가 납니다. 순수 가상 함수가 포함된 클래스 또한 독립적인 변수로 선언할 수 없습니다.

[9번째 줄]

실행할 명령을 가리키는 함수 포인터 변수를 선언합니다. 자료형이 Command 클래스에 한정되기 때문에 형변환이 가능한 클래스의 멤버 함수에 대해서만 지정이 가능합니다. 전역 함수를 멤버 함수 포인터에 치환할 수 있는 일반적인 방법은 없습니다. 나중에 보겠지만 아주 특별한 방법을 사용해서 우회하는 방법밖에 없습니다.

[12번째 줄]

Command 클래스를 상속받은 File 클래스를 정의합니다. 파일과 관련된 여러 가지 명령을 갖고 있습니다. 여기서는 File 클래스만 사용하지만 다른 종류의 명령을 갖는 어떤 클래스도 추가로 사용할 수 있습니다. 대신 Command 클래스를 상속받으면 됩니다. 확장 가능성을 염두에 뒀으니 명심하기 바랍니다.

[15번째 줄]

3가지 종류의 생성자를 선언합니다. 멤버 함수를 콜백으로 구현하는 코드라서 함수를 구분하는 방법은 크게 신경쓰지 않았습니다. 여기서는 생성자를 통해 구분합니다. 뒤에서 굳이 함수를 구분할 필요가 없다는 것을 배우니까 신경쓰지 않아도 되겠습니다.

[19번째 줄]

메뉴에서 사용할 세 가지 함수를 선언합니다. Print( )는 출력, Copy( )는 복사, ShowDir( )는 폴더 출력을 담당합니다.

[24번째 줄]

파일 이름을 저장할 멤버 변수를 2개 선언합니다. 파일 이름은 별도 버퍼에 저장해야 하기 때문에 string 컨테이너를 사용합니다. char*나 char 배열은 동적 할당이나 복사 등의 코드가 필요해서 배제했습니다. private 변수이기 때문에 File 클래스 외의 장소에서는 접근할 수 없습니다.

[27번째 줄]

메뉴에 연결하고 실행시킬 Menu 클래스를 정의합니다.

[30번째 줄]

생성자와 소멸자입니다. Menu 객체를 생성하면서 함수와 연결할 수도 있고 연결하지 않을 수도 있기 때문에 기본 매개 변수(Default Parameter)를 사용했습니다. 동적 클래스를 사용하기 때문에 소멸자에서는 생성 여부를 판단해서 반드시 해제해야 합니다.

[33번째 줄]

SetCommand( )는 메뉴에 연결합니다. 매개 변수로는 Command 클래스의 포인터를 받습니다. 매개 변수는 반드시 동적으로 할당되어야 합니다. 그렇지 않을 경우, 소멸자에서 해제하는 과정에서 비정상 종료가 발생합니다. 정말 주의해야 합니다.

[34번째 줄]

연결된 명령을 실행할 때는 언제나 Run( )를 호출합니다.

[37번째 줄]

동적으로 할당된 Command 클래스를 가리키는 멤버 변수를 선언합니다. Run()는 Command 클래스의 특정 함수를 호출하는 구조이기 때문에 이 변수가 잘못되면 큰일납니다.

[example_3_3_2_Menu.cpp]

```cpp
1   #include <iostream>
2   #include <string>
3   using namespace std;
4
5   #include "example_3_3_2_Menu.h"
6   #pragma warning(disable:4996)
7
8   Command::Command(func_t _func) : func(_func)
9   {
10  }
11
12  File::File(void) : Command((func_t) &File::ShowDir)
13  {
14  }
15
16  File::File(string& _src)
        : Command((func_t) &File::Print), src(_src)
17  {
18  }
19
20  File::File(string& _src, string& _dst)
        : Command((func_t) &File::Copy), src(_src), dst(_dst)
21  {
22  }
23
24  void File::Print(void)
25  {
26      cout << "** File::Print() 호출 **" << endl;
27
28      char command[256];
```

```
29        sprintf(command, "type %s", src.c_str());
30        system(command);
31    }
32
33    void File::Copy(void)
34    {
35        cout << "** File::Copy() 호출 **" << endl;
36
37        char command[256];
38        sprintf(command, "copy %s %s", src.c_str(), dst.c_str());
39        system(command);
40    }
41
42    void File::ShowDir(void)
43    {
44        system("dir /w");
45    }
46
47    Menu::Menu(Command* _pCommand) : pCommand(_pCommand)
48    {
49    }
50
51    Menu::~Menu(void)
52    {
53        SetCommand(NULL);
54    }
55
56    void Menu::SetCommand(Command* _pCommand)
57    {
58        if(pCommand != NULL)
59            delete pCommand;
60
61        pCommand = _pCommand;
62    }
63
64    void Menu::Run(void)
65    {
66        if(pCommand == NULL)
67            return;
68
69        (pCommand->*pCommand->func)();
70    }
```

⊙ 출력결과

없음

⊙ 코드설명

[5번째 줄]

클래스들의 정의가 들어있는 Menu.h 파일을 포함시킵니다.

[8번째 줄]

Command 클래스의 생성자를 정의합니다. 단순히 함수 포인터를 저장하는 것이기 때문에 콜론 (:) 초기화를 사용할 수 있습니다.

[12, 16, 20번째 줄]

File 클래스의 생성자를 정의합니다. 세 개의 생성자가 정의되어 있는데, 각각의 생성자는 Command 클래스의 생성자에 서로 다른 함수를 매개 변수로 전달합니다. Command 클래스의 멤버 변수로 있는 func는 Command 클래스의 멤버 함수 포인터이므로, File 클래스의 멤버 함수 포인터를 바로 전달할 수 없습니다. 자료형이 다르기 때문에 func_t 자료형으로 변환합니다.

참고로 멤버 함수 포인터끼리는 형변환이 가능하지만, 멤버 함수와 전역 함수는 형변환할 수 없습니다. 덕분에 나중에 보게 되는 어렵고 애매한 코드가 등장하게 됩니다.

[24번째 줄]

File 클래스의 Print( )를 정의합니다. 파일을 열어서 출력하고 닫는 코드를 만들어도 되지만, 이미 콘솔에 그러한 명령이 있기 때문에 사용했습니다. type 명령은 파일을 화면에 출력합니다. system( )는 콘솔 명령어를 실행시키는 표준 함수입니다.

33번째 줄은 Copy( )를 정의했습니다. copy 명령은 파일을 복사하는 콘솔 명령이고, 앞쪽 파일이 원본, 뒤쪽 파일이 목표가 됩니다. 42번째 줄에서 ShowDir( )를 정의했습니다. dir 명령은 현재 폴더의 목록을 표시하는 콘솔 명령이고, w 옵션은 수평으로 배치하라는 뜻입니다.

[47번째 줄]

Menu 클래스의 생성자를 정의합니다. Menu 객체는 독립적으로 존재할 수도 있기 때문에 pCommand 멤버 변수는 객체 생성과 동시에 초기화되어야 합니다. 무심코 Run( )를 호출하면 비정상 종료할 수 있습니다.

[51번째 줄]

Menu 클래스의 소멸자를 정의합니다. pCommand 멤버 변수는 동적으로 할당된 클래스를 가리키기 때문에 Menu 객체가 소멸되는 시점에서 반드시 해제되어야 합니다. SetCommand( )에 이미 그러한 기능이 있기 때문에 재사용하고 있습니다.

[56번째 줄]

Menu 클래스의 SetCommand( )를 정의합니다. 이미 특정 함수와 연결되어 있다면, 다시 말해 동적으로 할당된 객체를 가리키고 있다면 해제가 우선되어야 합니다.

[64번째 줄]

Menu 클래스의 Run( )를 정의합니다. 69번째 줄에서 연결된 함수를 호출합니다. 이전 장에 배운 C++의 멤버 함수 포인터에서 배운 것과 다른 점이라면, 포인터 변수(pCommand)를 사용했기 때문에 –〉 연산자로 시작한다는 것뿐입니다.

[example_3_3_2_main.cpp]

```cpp
1   #include <iostream>
2   #include <string>
3   using namespace std;
4
5   #include "example_3_3_2_Menu.h"
6   #pragma warning(disable:4996)
7
8   void main(void)
9   {
10      Menu menu;
11      int select;
12      string src, dst;
13
14      while(1)
15      {
16          cout << "0. 종료 1. 출력 2. 복사 3. 폴더 - ";
17          cin  >> select;
18
19          if(select < 0 || select > 3)
20              continue;
21
22          if(select == 0)
23              break;
24
```

```
25              switch(select)
26              {
27              case 1 :
28                  cout << "파일 : ";
29                  cin  >> src;
30
31                  menu.SetCommand(new File(src));
32                  break;
33
34              case 2 :
35                  cout << "원본 : ";  cin  >> src;
36                  cout << "목표 : ";  cin  >> dst;
37
38                  menu.SetCommand(new File(src, dst));
39                  break;
40
41              case 3 :
42                  menu.SetCommand(new File());
43                  break;
44              }
45
46              menu.Run();
47          }
48  }
```

○ 출력결과

0. 종료 1. 출력 2. 복사 3. 폴더 – 3
C 드라이브의 볼륨에는 이름이 없습니다.
볼륨 일련 번호 : 48BE-E102

 c:\Program Files\Microsoft Visual Studio\MyProjects\C_Plus_Test 디렉터리

[.]	[..]
C_Plus_Test.vcproj	main.cpp
C_Plus_Test.ncb	C_Plus_Test.sln
C_Plus_Test.vcproj.AP2114.김정훈.user	[Debug]

        5개 파일   1,445,814 바이트
        3개 디렉터리   2,225,438,720 바이트남음

0. 종료 1. 출력 2. 복사 3. 폴더 – 2
원본 : main.cpp

```
목표 : temp.txt
** File::Copy( ) 호출 **
        1개 파일이 복사되었습니다.
0. 종료 1. 출력 2. 복사 3. 폴더 - 3
 C 드라이브의 볼륨에는 이름이 없습니다.
 볼륨 일련 번호 : 48BE-E102

 c:\Program Files\Microsoft Visual Studio\MyProjects\C_Plus_Test 디렉터리

[.]                              [..]
C_Plus_Test.vcproj              main.cpp
temp.txt                        C_Plus_Test.ncb
C_Plus_Test.sln                 C_Plus_Test.vcproj.AP2114.김정훈.user
[Debug]
        6개 파일          1,448,651  바이트
        3개 디렉터리 2,225,422,336  바이트 남음
0. 종료 1. 출력 2. 복사 3. 폴더 - 0
```

⭕ 코드설명

[10번째 줄]
Menu 클래스 변수를 선언합니다. 생성자에 매개 변수를 전달하지 않았으므로 NULL 포인터가
멤버 함수 포인터 멤버 변수에 연결됩니다. 어떤 명령과도 연결되지 않았다는 뜻입니다.

[31번째 줄]
Menu 클래스의 SetCommand( )를 호출합니다. 너무도 중요한데, 반드시 동적으로 할당된 객체
를 전달해야 합니다. Menu 클래스의 Run( )는 File 클래스, 즉 Command 클래스를 상속받은
자식 클래스의 특정 함수를 호출하고, Menu 객체가 소멸하기 전까지 생성해야 하므로 반드시 동
적 할당이 전제되어야 합니다. 결과가 궁금하다면 new 연산자 없이 호출해 보면 됩니다. 어찌 됐
든 사용자에게는 매개 변수가 있는 함수를 호출하는 것과 비슷해 보입니다.

[38번째 줄]
SetCommand( )를 호출하면서 File 클래스의 두 번째 생성자를 호출합니다. 말했다시피 어떤 생
성자를 사용하느냐에 따라 다른 함수와 연결하고 있기 때문에 결국 Copy( )와 연결하는 코드인
셈입니다.

[46번째 줄]
Menu 클래스의 Run( )를 호출합니다. 어떤 함수가 연결되었건 Run( )를 통해 실행할 수 있기 때
문에 Run( )는 마지막에 한 번만 호출하는 것이 좋습니다.

이번 예제는 상당한 제약을 안고 있는 코드라서 올바르게 콜백을 구현했다고 보기 어렵습니다. 일단 자료형에 민감하기 때문에 함수의 자료형을 정확하게 맞추어야 합니다. 함수 포인터를 이해한다면 상관없지만, 분명 어려운 주제이기 때문에 일반 사용자 수준에서 쉽게 사용할 수 있어야 합니다.

Command 클래스는 기본으로 제공되기 때문에 사용자가 직접 Command 클래스를 만들 필요는 없습니다. 익혀야 할 것이 있다면 Command 클래스를 상속받아야 한다는 것과 생성자를 호출하는 방법, 매개 변수 없는 함수여야 한다는 정도입니다. 습관과 같은 것이기 때문에 어렵지는 않지만 좀더 나은 코드가 있어서 소개합니다.

먼저 Command 클래스의 생성자부터 살펴봅시다.

```
Command::Command(int count, ...)
{
    va_list marker;
    va_start(marker, count);
    func = (func_t) va_arg(marker, func_t);
    va_end(marker);
}
```

전역 함수까지도 처리하고 싶을 수 있습니다. 항상 멤버 함수만 호출해야 하는 것은 아닙니다. 멤버 함수와 전역 함수는 형변환을 통해서도 극복할 수 없다는 것은 이미 말했습니다. 문법적으로 해결해야 한다면 가변 매개 변수를 사용해야 합니다.

printf()는 매개 변수의 개수가 정해져 있지 않은데, 이것이 가변 매개 변수를 사용했을 때의 결과입니다. 어떤 자료형을 전달하더라도 에러가 발생하지 않습니다. 다만 어떤 변수를 전달하는지 알 수 없으므로 매개 변수의 자료형에 대한 힌트를 반드시 제공해야 합니다.

printf()가 char*를 첫 번째 매개 변수로 받아서 스택을 읽어오는 것처럼 count 매개 변수를 두었습니다. 여기서는 단지 스택의 시작 위치를 잡기 위한 용도로만 사용했습니다. Command 클래스의 생성자는 함수 포인터 하나만 필요하므로, count가 1이 아닌 경우에 NULL 포인터로 초기화하는 코드가 있어도 되겠습니다. 호출할 때는 다음처럼 합니다. 실제로는 Command 클래스 변수를 만들 수 없기 때문에 정확한 코드는 아닙니다. 잠고만 하도록 합니다.

```
Command command(1, &File::Print);
```

그러나, 이 방법은 자료형으로부터는 벗어났지만 첫 번째 매개 변수로 정수를 전달해야 하기 때문에 틀렸습니다. Command 클래스를 사용자가 만들지 않는다고 했을 때 생성자는 아무리 어려운 코드가 있어도 괜찮습니다. 직접 코딩할 것이 아니니까요. 그래서 어셈블리를 사용해서 코딩합니다.

```
Command::Command(...)
{
    func_t temp;
    __asm
    {
        mov edx,  dword ptr [ebp+12]
        mov temp, edx
    }
    func = temp;
}
```

역시 자료형으로부터 벗어나기 위해 가변 매개 변수를 사용했지만, count 매개 변수는 없어졌습니다. __asm 키워드는 인라인(inline) 어셈블리를 가리키는 예약이입니다. 매개 변수로 전달받은 스택으로부터 4바이트를 읽어서 edx 레지스터에 저장했다 temp 변수로 다시 옮깁니다. 물론 temp 변수로 직접 옮기는 것은 어셈블리에서 불법입니다. 꽤 불편하지요? eax 레지스터는 객체의 주소를 저장하기 때문에 사용하지 않았습니다.

temp라는 임시 변수를 사용한 것은 func가 멤버 변수이기 때문에 객체의 위치를 찾고, 시작 위치에서부터 거리를 계산해야 합니다. 어려운 어셈블리보다는 지금처럼 임시 변수가 편하고 쉽습니다. 그러나 뒤에서 어셈블리로 직접 해결하는 코드를 넣었으니 실망하지 않아도 되겠습니다.

굳이 어셈블리를 알려고 하지 맙시다. mov 명령은 값을 복사하고, ebp는 스택의 위치를 가리키는 주소를 저장하는 레지스터입니다. 12는 전달된 첫 번째 매개 변수의 위치를 가리킵니다(멤버 함수가 아니라면 8이 됩니다). 참고로 현재 코드에서는 eax 레지스터를 그냥 덮어써도 되지만, 다른 코드에 접목해야 한다면 push와 pop 명령어를 앞과 뒤에 배치해야 할 수도 있습니다. 알고 계시기 바랍니다.

그러나, 가변 매개 변수는 치명적이라고 말할 수 있는 단점이 있습니다. 자료형은 무사히 넘어갔지만 매개 변수의 개수를 검사하지 않습니다. 몇 개가 전달되건 성공하기 때문에 함수 포인터를 여러 개 전달해도 됩니다. 아니면 정수를 전달해도 됩니다. 개수가 틀리거나 자료형이 틀릴 경우 대부분 비정상 종료가 될 정도로 심각합니다. 엄청난 주의가 필요합니다. 이 부분에 대한 완전한 해결책은 그 자체만으로도 책을 쓸 수 있을 정도로 방대합니다.

MFC와 Qt는 이러한 단점을 극복한 대표적인 사례라고 할 수 있습니다. 더욱이 서로 다른 자료형, 즉 매개 변수가 달라도 처리할 수 있다는 것은 획기적일 수밖에 없습니다. 여기서 보여줄 수 있는 코드에 비해 여러 단계 위에 있다는 것을 인정하지 않을 수 없습니다.

생성자에 가변 매개 변수를 사용할 경우, 군이 Command 클래스를 전달할 필요가 없습니다. 그냥 4바이트를 치환할 수만 있으면 되기 때문에 어떤 것이 오더라도 아무런 문제가 없습니다. 때문에 func 멤버 변수는 멤버 함수 포인터가 아니라 전역 함수 포인터여도 됩니다. 다음처럼 func_t 자료형에서 Command 클래스를 제거해도 괜찮습니다. 더불어 func 멤버 변수는 private 영역에 놓아도 괜찮습니다. 외부에서 직접 접근할 필요가 없습니다.

```
typedef void (* func_t)(void);
```

이제 File 클래스의 생성자에서 형변환 코드를 제거합니다. 가변 매개 변수니까 자료형이 의미가 없어졌습니다. 어떤 것을 전달해도 되고, 어떤 것에는 멤버 함수 포인터라는 자료형도 포함됩니다.

```
File::File(void) : Command(&File::ShowDir)
{
}
```

마지막으로 전역 함수 포인터를 사용해서 어떻게 멤버 함수 포인터처럼 동작하는지 보겠습니다. 멤버 함수는 호출되는 시점에서 객체의 주소를 ecx 레지스터에 넣고, 멤버 변수에 접근할 때 ecx 레지스터로부터 참조합니다. 함수를 호출하는 코드에는 차이가 없지만, ecx 레지스터를 이용하느냐 하지 않느냐의 차이만 있을 뿐입니다.

Menu 클래스의 Run()를 수정한 코드입니다. 앞에서처럼 임시 변수를 사용했습니다.

```
void Menu::Run(void)
{
    if(pCommand == NULL)
        return;

    Command* TempCommand = pCommand;
    void (* TempFunc)(void) = pCommand->func;
```

```
      __asm
      {
          mov    ecx, TempCommand
          call   TempFunc
      }
  }
```

함수를 호출하기에 앞서 ecx 레지스터에 해당 함수를 멤버로 갖고 있는 객체의 주소를 넣어야 합니다. eax 레지스터가 자신을 가리키는 this를 저장하고 있는 것과 같습니다. call 명령은 오른쪽에 있는 주소로 점프, 즉 함수를 호출합니다. 자료형은 전혀 중요하지 않다는 것을 알 수 있을 것입니다.

다음은 임시 변수를 사용하지 않은 코드입니다.

```
  void Menu::Run(void)
  {
      if(pCommand == NULL)
          return;
      __asm
      {
          mov    ecx, dword ptr [eax]    ; ecx = pCommand
          call   dword ptr [ecx]         ; func()
      }
  }
```

eax 레지스터에 this, 즉 Menu 객체가 들어있고, 이 주소의 첫 번째 멤버 변수는 pCommand입니다. 멤버 함수를 성공적으로 호출하기 위해서는 함수가 포함된 객체를 ecx 레지스터에 넣어야 하므로, [eax]라고 써서 pCommand를 ecx 레지스터로 옮깁니다. 함수의 주소는 Command 클래스의 첫 번째 멤버 변수에 있으므로 똑같이 [ecx]라고 표기하면 됩니다. 만약 두 번째 멤버라면 [ecx+4]와 같은 식으로 표현합니다. 4는 첫 번째 멤버 변수의 크기로 어떤 자료형이 오느냐에 따라 달라집니다. 역시 push와 pop 명령은 생략했습니다.

지금 설명한 내용은 example_3_3_2_Menu_Plus.h, example_3_3_2_Menu_Plus.cpp, example_3_3_2_main_Plus.cpp 파일에 들어있으니 참고바랍니다.

어셈블리까지 동원하면서 멤버 함수를 콜백으로 처리하는 문제를 살펴봤습니다. 멤버 함수 호출은 반드시 객체와 연관되어야 하므로, 이 코드를 확장하는 과정에서 객체와 함수 포인터 모두를 매개 변수로 던지는 경우가 발생할 수도 있습니다. 저는 이 문제를 멤버 함수 포인터 멤버 변수로 해결했지만 최고의 방법이라고 말할 수는 없습니다. 그러나, 사용자의 입장에서 쉽게 다룰 수 있다면, 충분히 개연성이 있다고 생각합니다.

어셈블리를 사용하면 Command 클래스가 필요없을 수도 있습니다. 그러나, 그렇게 되면 File과 같은 클래스에 반복적으로 어셈블리 코드가 등장하게 되므로 없애는 것은 바람직하지 않다고 생각합니다. 사용자 입장에서 어렵지 않은 것도 중요하지만 반복적인 코드를 없애는 것도 중요합니다.

1. 코드와 설명 _ [example_3_5_1.Stack.h]

```
1    #pragma once
2
3    struct STACK_OP;
4
5    struct STACK
6    {
7        int array[256];
8        int top;
9
10       struct STACK_OP* op;
11   };
12
13   struct STACK_OP
14   {
15       void (* Push)( struct STACK* ps, int data );
16       int (* Pop)( struct STACK* ps );
17       int (* IsEmpty)( struct STACK* ps );
18   };
19
20   void Init( struct STACK* ps );
21   void InitOperation(void);
```

코드설명

[3번째 줄]
STACK과 STACK_OP 구조체가 상호 참조를 하기 때문에 지금처럼 전방 선언(forward declaration)을 통해 아래에서 정의하고 있음을 알려줍니다.

[5번째 줄]
STACK 구조체를 정의합니다. 10번째 줄에 스택 연산을 멤버로 갖는 op 멤버가 있습니다. C++에 나오는 진짜 멤버 함수는 아니지만, 4바이트 포인터만으로 스택 연산을 손에 넣을 수 있게 되었습니다. 사용하려는 스택 개수에 4를 곱한 만큼의 메모리가 추가적으로 들어갈 뿐입니다.

[13번째 줄]
스택 연산 구조체인 STACK_OP 구조체를 정의합니다. 스택을 대표하는 Push, Pop, IsEmpty 함수 포인터를 멤버로 갖습니다. 포인터는 4바이트이므로 STACK_OP 구조체는 12바이트의 메모리를 사용합니다.

[20번째 줄]
STACK과 STACK_OP 구조체를 초기화하는 전역 함수를 선언합니다. 스택 연산에 대해서는 함수 포인터 멤버를 정의할 때 명시하기 때문에 별도 선언이 필요 없습니다.

[example_3_5_1_Stack.c]

```
1   #include "Stack.h"
2
3   static struct STACK_OP g_op;
4
5   void Push( struct STACK* ps, int data )
6   {
7        ps->array[ps->top++] = data;
8   }
9
10  int Pop( struct STACK* ps )
11  {
12       return ps->array[--ps->top];
13  }
14
15  int IsEmpty( struct STACK* ps )
16  {
17       return ps->top == 0;
18  }
19
20  void Init( struct STACK* ps )
21  {
22       ps->top = 0;
23       ps->op  = &g_op;
24  }
25
26  void InitOperation(void)
27  {
28       g_op.Push    = Push;
29       g_op.Pop     = Pop;
30       g_op.IsEmpty = IsEmpty;
31  }
```

코드설명

[3번째 줄]

STACK_OP 구조체 변수를 전역으로 선언합니다. 스택 연산 코드는 하나밖에 존재하지 않기 때문에 스택을 사용하려는 모든 사람은 이 전역 변수를 통해 접근합니다. 하나밖에 존재하지 않기 때문에 여러 개의 변수를 선언할 필요가 없습니다.

[26번째 줄]

STACK_OP 구조체 전역 변수를 초기화합니다. 이 함수는 운영체제가 로드될 때 한번만 호출하면 됩니다. 다만 이번 프로그램에서는 운영체제를 대신할 수 없기 때문에 프로그램 시작 시에 호출할 수밖에 없습니다. 스택만 사용하는 사람 입장에서는 전혀 호출할 필요가 없는 함수라는 것을 이해해야 합니다.

[example_3_5_1_main.c]

```
1    #include <stdio.h>
2    #include "Stack.h"
3
4    #pragma warning(disable:4996)
5
6    void main(void)
7    {
8        struct STACK stack;
9        int menu, data;
10
11       InitOperation();
12       Init( &stack );
13
14       while( 1 )
15       {
16           printf( "[0] 종료[1] 넣기, [2] 빼기,- " );
17           scanf( "%d", &menu );
18
19           if( menu == 0 )
20               break;
21
```

```
22          switch( menu )
23          {
24          case 1 :
25              printf( "Push : " );
26              scanf( "%d", &data );
27              stack.op->Push( &stack, data );
28              break;
29
30          case 2 :
31              if( stack.op->IsEmpty(&stack) == 0 )
32                  printf( "Pop : %d\n", stack.op->Pop(&stack) );
33              break;
34          }
35      }
36  }
```

🔵 출력결과

```
[0] 종료[1] 넣기 [2] 빼기 – 2
[0] 종료[1] 넣기 [2] 빼기 – 1
Push : 1
[0] 종료[1] 넣기 [2] 빼기 – 1
Push : 3
[0] 종료[1] 넣기 [2] 빼기 – 1
Push : 5
[0] 종료[1] 넣기 [2] 빼기 – 2
Pop  : 5
[0] 종료[1] 넣기 [2] 빼기– 2
Pop  : 3
[0] 종료[1] 넣기 [2] 빼기 – 2
Pop  : 1
[0] 종료[1] 넣기 [2] 빼기 – 2
[0] 종료[1] 넣기 [2] 빼기 – 0
```

🔵 코드설명

[11번째 줄]
스택 라이브러리를 초기화하기 위해 InitOperation( )를 호출합니다. 앞에서 언급했다시피 이 함수는 원래 우리가 호출할 필요가 없는 함수입니다. 우리가 STACK_OP 구조체 전역 변수를 사용하는 첫 번째 사용자는 아닐 테니까요.

[27, 31, 32번째 줄]
이제 op 멤버를 통해 스택 연산에 접근합니다. op 멤버는 포인터이므로 -> 연산자를 사용합니다. 스택 라이브러리를 사용하는 사람들은 그냥 op 멤버를 통해서 접근할 수 있다는 사실만 기억하면 됩니다. 굳이 함수 포인터 멤버로 구성된 구조체를 어떻게 만들지는 신경 쓰지 않아도 됩니다.

이번 코드를 통해 리눅스에서 왜 함수 포인터 멤버로 구성된 구조체를 사용할 수밖에 없었는지 확실히 이해했기를 바랍니다. 메모리 절약과 객체를 통한 안전성 확보, 여기에 사용의 편리함까지. 일부 프로그래머는 편리한 것은 아니라고 말할지 모르지만, 대부분의 편집기는 . 또는 -> 연산자를 입력하면 목록을 보여주기 때문에 편리합니다. 사용할 수 있는 함수의 목록을 눈으로 바로 볼 수 있어서 검색의 수고를 지지 않아도 됩니다.

친절한 김샘의 **함수 포인터** 강의

초판 1쇄 발행 : 2008년 2월 14일

지 은 이   김정훈
발 행 인   최규학

기획·진행   장성두
마 케 팅   최복락
본문디자인   우일미디어
표지디자인   Arow & Arowana

발 행 처   도서출판 ITC
등 록 번 호   제8-399호
등 록 일 자   2003년 4월 15일

주   소   서울시 은평구 역촌동 85-8 보원빌딩 3층
전   화   02-352-9511(대표)
팩   스   02-352-9520
이 메 일   itc@itcpub.co.kr

용지 태경지업사   인쇄 예림인쇄   제본 문종제책사

ISBN-10 :   89-90758-88-2
ISBN-13 :   978-89-90758-88-0

값 20,000원

www.itcpub.co.kr